PROBABILITY AND STATISTICS

확률과 통계

김경호 지음

PROBABILITY AND STATISTICS

KYOWOOSA
教友社

머리말

오늘날 현대사회는 정보화 사회로 급속하게 발전해가고 있으며, 정보라는 무형의 자산이 차지하는 비중이 빠른 속도로 증대되어 가고 있다. 어느 분야에서나 정보를 수집하고 수집된 정보를 활용하여 보다 유용한 새로운 정보를 창출하려고 노력하고 있다. 이러한 문제를 해결하는데 확률 및 통계학이 결정적인 역할을 하고 있다. 현재에 와서 통계학은 모든 학문에 필수적으로 응용되는 종합과학으로 발전하였으며, 확률개념은 통계학이 기본이 되며 실제로 통계학 내용의 많은 부분을 차지하고 있다.

본 교재는 확률과 통계를 배우는 학생들에게 꼭 알아야 할 기초통계학에 대한 내용으로 이루어 졌으며, 통계학적 이해와 응용력 배양에 중점을 두었다. 또한 통계학적 사실을 단순히 이해만 하는 것이 아니라 다른 교과의 학습이나 생활 주변에서 부딪히는 여러 가지 문제를 능률적이고 합리적으로 해결하고, 그 결과를 활용할 수 있는 통계학적 사고 능력을 기를 수 있도록 문제들을 기술하였다.

통계를 멀리하였던 학생들이 본 교재로 확률통계학과 친근하게 되고, 통계학적 사고력 배양에 도움을 줄 수 있는 기회가 된다면 저자로서 큰 기쁨이라 하겠다.

2014년 2월

저자

차 례

제8장 표본분포 / 121

제9장 추정 / 139

제10장 검정 / 159

제11장 두 모집단의 비교 / 173

제 1 장

자료의 정리

■ 통계학이란 무엇인가?

통계학은 영어로 statistics라고 하는데 이것은 국가를 의미하는 라틴어 "status"에서 유래된 단어이다. 오랫동안 통계학은 한 국가의 경제, 인구, 정치에 관련된 자료(data)나 도표 등으로 이해되었다. 오늘날에도 대부분의 사람들은 가까이하기 어려운 숫자들의 배열이나 수많은 그래프들 그 자체를 통계학이라 생각하고 있다. 그러나 20세기에 들어서서부터 통계학 분야에서는 엄청난 발전이 이루어져 왔고, 이제는 통계학이란 자료에 근거를 둔 추론을 다루는 하나의 과학 분야로 인식되고 있다. 자료나 도표를 나열하여 기술하는 기법은 통계분야의 단지 작은 일부분에 불과하게 될 것이다.

그러면 과학의 한 분야로서 통계학의 역할과 주된 목적은 무엇인가를 생각해 보자. 통계학은 관심의 대상에 대해 관련된 자료를 수집하고, 그 자료를 요약 · 정리하여 해석하며, 이로부터 불확실한 사실에 대한 결론이나 일반성 등을 이끌어 내는데 필요한 이론과 방법을 제시하여 주는 학문이다. 좀 더 구체적으로 표현하면, 통계학의 이론과 방법은

i) 어떤 종류의 자료를 어느 정도 수집할 것인가?

ii) 수집된 자료를 어떻게 정리하고 해석할 것인가?

iii) 그 자료를 어떻게 분석하고 결론을 이끌어 낼 것인가?

iv) 이 결론의 불확실성을 어떻게 측정할 것인가?

등에 대한 해답을 제시한다. 따라서 자료의 수집과 분석을 통하여 관심의 대상에 대한 정보나

지식을 얻고자 하는 모든 경우에 통계학이 적용될 수 있다. 일상적인 것에서부터 과학적인 탐구가 요구되는 것 등으로 거의 모든 분야의 문제들이 통계학의 적용대상이 된다고 하겠다. 실제로 정부나 기업 등 거의 모든 사회분야에서 통계학이 사용되고 있고, 또한 대부분의 학문분야에서 통계학을 중요한 연구 수단으로 이용하고 있다.

1.1 모집단과 표본

이 절에서는 통계학에서 사용되는 몇 가지 용어를 알아보기로 하자. 통계학은 다양한 분야에서 사용되지만 몇 가지 공통적인 면이 있다.

첫째, 새로운 정보나 지식을 얻기 위해서는 관련된 자료가 수집되어야 한다.

둘째, 같거나 거의 유사한 상황에서 관측되더라도 관측 값들 사이에 어느 정도의 변동은 피할 수가 없다. 예를 들어, 알레르기 증세에 효과가 있는 어떤 약을 처방했을 때 어떤 환자에게는 상당히 오랫동안 그 효과가 지속되고, 어떤 환자에게는 일시적으로, 나머지 환자에게는 전혀 그 효과가 나타나지 않는 등 환자에 따라 효과의 지속기간이 아주 다르게 나타난다. 마찬가지로 고등학교 성적이 비슷한 대학 1학년 학생들이 대학과정에서도 거의 같은 정도의 비슷한 성적을 나타낼 것으로 기대할 수 없을 것이다. 위의 예와 같이 관측의 결과가 어떤 엄격한 법칙을 따르지는 않을 것이다.

셋째, 관련된 자료를 모두 수집한다는 것은 물리적으로 불가능하거나 실제적으로 있을 법하지 못한 경우가 흔하다. 실험실이나 사업 현장에서 실험을 통하여 얻어지는 자료는 실험이 얼마나 많이 시행되었든지 간에 항상 더 많은 실험이 시행될 수 있다. 여론조사나 소비자 지출조사 등에서 모든 국민을 대상으로 자료를 수집한다면 완전한 자료가 구비될 수 있을 것이다. 이 경우 불가능한 일은 아니지만 현실적인 면에서 그럴듯한 방법이라 할 수는 없을 것이다. 또 다른 예로서, 어떤 속도에서 충돌할 때 어떤 특정 차종이 입는 손상 정도를 측정하기 위한 실험을 생각해 보자. 완전한 자료를 수집하기 위해서는 생산 라인에서 만들어지는 모든 자동차를 실험의 대상으로 삼아야 하며 이는 현실적으로 불가능한 경우라 할 수 있다. 따라서 시간, 자원, 시설, 때로는 자료를 수집하는 과정에서 피할 수 없는 파괴적 특성 등의 제한조건으로 인하여, 일반적으로 완전한 자료가 아닌 관련된 일부분의 자료를 가지고 관심의 대상에 대한 정보나 지식을 얻고자 하게 된다.

위의 예들에서 우리가 주목해야 할 것은 관측과정을 통하여 실제로 수집되는 관측값들과 주어진 상황에서 수집 가능한 모든 관측값들과는 차이가 있다는 것이다. 여기에서 수집 가능한 모든 관측값들을 모은 집합을 **모집단**(population)이라고 하며, 실제로 수집되는 모집단의 일부분에 해당되는 관측값들의 집합을 **표본**(sample)이라고 한다. 이때 표본에 속하는 각 관측값은 환자, 가구, 나무 등과 같은 조사의 대상을 관측하거나 측정한 값이다. 이러한 대상을 **개체**(unit) 또는 **표본추출단위**(sampling unit)라고 부른다. 따라서 관측과정을 통하여 얻어진 각 개체의 관측결과를 모두 모아 놓은 집합이 앞에서 정의한 표본이 된다.

모집단은 그것을 구성하는 표본추출단위의 수에 따라, 그 수가 유한개인 경우에는 **유한모집단**(finite population)이라고 하고, 그 수가 무한개인 경우 **무한모집단**(infinite population)이라 구별되어 사용된다. 예를 들어, 대학 A의 학과 B에 속하는 학생들의 키를 조사하는 문제에서 그 학과의 학생 수는 유한하므로 이 경우 유한모집단이 될 것이다. 반면에 앞에서 언급한 특정 차종의 파괴실험의 경우 그 공정라인에서 생산되는 모든 자동차들은 그 공정라인의 작업이 계속된다고 볼 때 무한모집단의 한 예라고 할 수 있을 것이다. 그러나 유한모집단에 속하는 개체의 수가 아주 큰 경우 앞으로 공부할 통계이론의 관점에서는 무한모집단의 경우와 큰 차이가 없다고 하겠다.

1.2 기술통계학과 추측통계학

통계학이 적용되는 경우는 크게 보아서 두 가지로 생각할 수 있다. 그 중 한 가지는 자료를 정리·요약하는 기법을 다루는 **기술통계학**(descriptive statistics)이고, 또 다른 한 가지는 실제 관측된 자료를 이용하여 모집단의 특성에 대한 추론을 다루는 **추측통계학**(inferential statistics)이다.

기술통계학은 방대한 자료를 그래프나 숫자로 요약하여 그 자료의 전반적인 내용을 쉽고, 빠르게 파악할 수 있게 하는 기법을 다루는 분야이다. 이 기법의 대상이 되는 자료를 모집단이나 표본 모두가 해당된다 하겠다. 컴퓨터를 이용하여 방대한 양의 자료를 저장할 수 있게 되고부터 사용자의 입장에서 볼 때 방대한 자료를 판단할 수 있을 만큼의 양으로 축소·정리하는 기술통계 기법은 매우 유익한 방법이라 하겠다. 또한 기술통계학은 다음에 설명될 추측통계학의 전 단계 분석과정으로 보통 필수적으로 적용되고 있다.

추측통계학은 모집단의 일부로서 관측된 표본을 이용하여 모집단의 특성을 추측하고 검정하는 통계적 방법이다. 관측된 표본은 모집단의 특성에 대하여 완전한 정보를 갖고 있지는 않게 되며, 더욱이 추출되는 표본에 따라 얻어지는 특성에 대한 정보는 달라지게 된다. 따라서 이러한 표본으로부터 유도되는 추측은 불가피하게 오차를 수반하게 되며 추측통계학은 이와 같은 오차를 확률적으로 설명하는 것까지를 포함하면서 모집단에 대한 일반성을 찾아내는 분야라 할 수 있다. 통계학을 간단히 표본으로부터 관심의 대상이 되는 모집단의 특성을 유추해내는 학문이라 표현한다면 이는 추측통계학을 가르키는 설명이 되며 이로부터 추측통계학 부분이 오늘날 통계학의 핵심을 나타내는 것임을 알 수 있다.

1.3 자료의 종류

분석의 대상이 되는 자료는 크기나 양을 가진 수치로 표현할 수 있는지 없는지에 따라 **양적 자료**(quantitative data)와 **질적 자료**(qualitative data)로 나누어진다.

양적 자료는 크기나 양을 수치로 나타낼 수 있는 자료로 키, 몸무게, 나이, 성적 등이 이에 속한다. 양적 자료는 자료 자체가 숫자로 표현되어 있으며 자료의 속성을 그대로 반영한다.

질적 자료는 양을 나타내는 수치가 아닌 기호나 문자로 나타낼 수 있는 자료로 **범주형 자료**(categorical data)라고도 하는데 성별, 교육수준 등이 이에 해당한다. 성별을 나타낼 때 편의상 남자는 1, 여자는 0과 같이 수치화할 수도 있다. 그러나 이때의 수치는 그것이 지정하는 자료의 속성과는 전혀 무관하며 단지 편의상 정한 약속에 불과하다.

자료들은 여러 특성을 갖고 있는데 조사대상에 대해 관심을 갖고 있는 특성을 **변수**(variable)라 한다. 앞에서 언급한 키, 몸무게, 나이, 성적, 성별, 교육수준 등과 같이 한 가지 이상의 자료값을 가질 수 있는 것이 변수이다. 변수는 자료에 대응되므로 **질적 변수**(qualitative variable)와 **양적 변수**(quantitative variable)로 분류된다. 키, 몸무게처럼 양적 자료값을 가지는 변수를 양적 변수라 하고 성별, 교육수준과 같이 질적 자료값을 가지는 변수를 질적 변수라 한다.

1.4 질적 자료의 표현방법

자료를 그래프나 도표로 나타내면, 자료 전체의 분포상태를 시각적으로 빠르게 전달할 수 있다. 이 절에서는 질적 자료의 경우에 사용하는 도표와 그래프에 대하여 알아본다.

$$\text{범주 } A \text{의 상대도수} = \frac{\text{범주 } A \text{에 속하는 자료의 갯수}}{\text{전체자료의 갯수}}$$

질적 자료를 도표나 그래프로 요약하는 기법으로서, 도수분포표, 막대그래프, 원형그래프 등을 들 수 있다.

1.4.1 도수분포표

질적자료를 도표로 정리하는 방법으로서, 질적 자료의 경우에 자료값이 반복해서 나타나므로 반복된 횟수를 셀 수 있는데, 이때 반복되는 횟수를 **도수**(frequency)라 하며 이 도수를 전체 자료의 개수로 나눈 값을 **상대도수**(relative frequency)라 한다.

도수분포표(frequency table)는 각 자료값에 대하여 도수나 상대도수를 나열해 놓은 도표이다.

예제 1

공교육에 관한 조사에서 400명의 교장에게 교육의 질에 관하여 등급을 부여하게 하였다. A등급에서 D등급까지 각각 35명, 260명, 93명, 12명일 때 조사에 관한 도수분포표를 작성하여라.

풀이 [표 1.1] 교육등급의 도수분포표

등 급	A	B	C	D
도 수	35	260	93	12
상대도수	0.09	0.65	0.23	0.03

1.4.2 상대도수 막대그래프

주어진 질적 자료를 그래프로 정리하는 방법의 하나는 **상대도수 막대그래프**(bar graph)이다. 상대도수 막대그래프는 각 자료값의 상대도수를 같은 폭의 막대로 나타내며, 하나의 자료값에 하나의 막대를 대응시킨다. 다시 말해서, 상대도수 막대그래프는 가로축에 서로 다른 자료값을 나타내고 세로축에는 상대도수를 나타내어 수평선상에 막대를 그리는 그래프이다.

예제 2

표 1.1의 도수분포표를 이용하여 상대도수 막대그래프를 그려라.

풀이

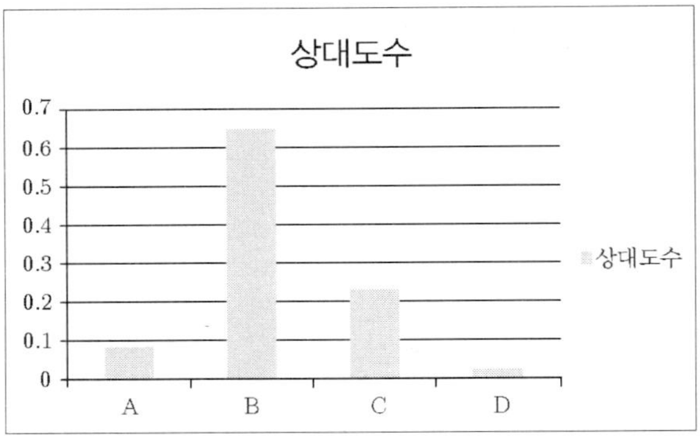

[그림 1.1] 표 1.1의 상대도수 막대그래프

1.4.3 원형그래프

질적 자료를 그래프로 표현하는 또 다른 방법으로, **원형그래프(pie graph)**가 있다. 원형 그래프는 먼저 완전한 원을 그린 다음, 피자를 자르듯이 원을 부채꼴 모양으로 자료값의 종류만큼 몇 개의 조각으로 나누어서 해당하는 자료값의 상대도수에 비례하게 각 조각의 크기를 그린다. 그리고 각 조각에는 해당 자료값과 상대도수를 기입한다.

예제 3

표 1.1의 도수분포표를 이용하여 원형그래프를 그려라.

풀이

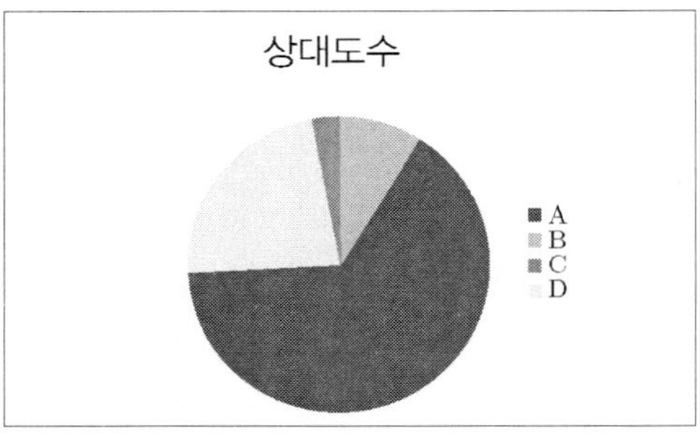

[그림 1.2] 표 1.1의 원형그래프

1.5 양적 자료의 표현방법

양적 자료의 분포상태를 쉽게 파악할 수 있도록 질적 자료와 마찬가지로 도표와 그래프를 이용하는데, 이 절에서는 줄기-잎-그림(stem and leaf charts), 도수분포표, 히스토그램(histogram), 도수다각형(frequency polygon) 등을 소개한다.

1.5.1 줄기-잎-그림

줄기-잎 그림은 히스토그램을 기술적으로 변형시킨 것이라 할 수 있다. 줄기-잎-그림은 연속적인 가로줄의 수들로 구성되어 있는데, 각 가로줄은 줄기라고 부르는 수와 잎이라고 부르는 수로 나누어져 있다. 이 그림을 그리는 엄격한 규칙은 없지만 일반적으로 다음 단계를 따른다.

(1) 자료의 줄기부분을 선택하고 줄기를 제외한 부분을 잎으로 정한다. 이 줄기는 보통 한자리나 두 자리의 수이다.
(2) 줄기값을 크기순으로 세로로 나열한 뒤 줄기 오른쪽에 수직선을 긋는다.
(3) 각 자료의 잎의 값을 해당 줄기값의 오른쪽에 가로로 적는다.
(4) 분포의 형태를 알아보기 위하여 그림을 시계 반대방향으로 90도 돌려본다.

예제 4

다음 자료는 1학년 20명의 통계학 기말고사 성적이다.

53	62	97	65	79
88	77	71	51	83
73	86	64	82	92
69	94	76	55	75

줄기-잎 그림을 그려라.

풀이

줄기	잎
5	3 1 5
6	2 5 9 4
7	1 5 3 7 6 9
8	8 2 6 3
9	7 4 2

[그림 1.3] 통계학 기말고사 줄기-잎 그림

줄기-잎-그림은 자료 전체의 형태를 빨리 파악하고 자료값을 그대로 유지하고 특정한 자료값이 얼마나 자주 나타나는지를 쉽게 알아볼 수 있는 장점이 있으나 대략적으로 알 수 있는 자료나 자료의 크기가 클 때는 부적절하다.

1.5.2 도수분포표

도수분포표를 작성하기 전에 다음과 같은 용어를 정의하자. 자료를 수량으로 나타낸 것을 **변량**이라 하고, 변량을 나눈 구간을 **계급**(class)이라 하며, 계급의 작은쪽 끝을 **계급하한**(lower limit)이라 하고 큰쪽 끝을 **계급상한**(upper limit)이라 한다. 각 계급의 너비를 **계급간격**(class interval width)이라고 하며, 각 계급에 속하는 자료의 개수를 **계급도수**라 한다. 그리고 계급을 대표하는 값으로서 각 계급의 중앙의 값을 그 계급의 **계급값**이라 하는데, 이것은 주어진 계급의 계급하한과 계급상한의 값을 더하여 둘로 나누어 구할 수 있다.

양적 자료의 도수분포표를 작성하기 위해서는 먼저 서로 인접한 자료값들을 집단화하여 전체 자료를 몇 개의 그룹으로 나눌 필요가 있다. 전체 자료를 몇 개의 그룹으로 나누어 도수분포표를 작성하는 과정을 단계별로 살펴보면 다음과 같다.

도수분포표의 작성

1. 자료의 최대값과 최소값을 찾아 자료의 범위(=최대값−최소값)를 구한다.
2. 자료의 크기를 고려하여 5개에서 15개 정도의 계급의 갯수를 정하고, 적당한 계급구간의 폭(class interval width)을 정한다.
   일반적으로 (자료의 범위 ÷ 계급의 개수)보다 조금 큰 숫자를 계급의 폭으로 정한다.
3. 위에서 정한 계급의 개수와 폭을 이용하여 서로 중복되지 않는, 동일한 간격의 계급구간을 정한다. 단, 최소 관측값이 첫 번째 계급구간에 포함되고, 어떤 관측값도 계급의 경계점에 놓이지 않도록 하는 것이 바람직하다.
4. 각 계급에 속하는 관측값의 개수를 세어 계급의 도수를 구한다.
5. 각 계급의 상대도수(=각 계급의 도수 ÷ 자료의 총수)를 계산한다.

예제 3의 자료를 통하여 구체적인 방법을 알아보자. 이 예제는 20개의 자료값을 가지고 있다. 계급의 수를 5라 하면 이 자료의 최대값과 최소값은 각각 97과 51이고 범위는 97-51=46이다. 계급간격을 구하기 위하여 46을 계급의 수 5로 나누면 된다.

최소의 계급간격은 $\frac{46}{5} \fallingdotseq 9.2$ 이지만 자료를 분류하는데 필요한 실제 계급간격은 소수점 아래 첫째 자리의 수를 올림해서 정수로 나타내야 한다.

여기서 올림하는 이유는 양쪽 극단적인 값, 즉 가장 큰 값과 가장 작은 값을 도수분포표에 포함시키기 위해서이다. 그러므로 실제의 계급간격은 최소의 계급간격 9.2을 올림한 수 10이 된다.

첫째 계급하한은 어떠한 자료값도 계급의 경계값에 놓이지 않게 하기 위하여 자료의 최소값으로부터 최소단위의 반을 뺀 값을 사용한다. 즉 첫째 계급하한은 $51 - \frac{1}{2} \times 1 = 50.5$ 이다. 나머지 계급의 경계값은 앞의 경계값에 10을 연속적으로 더함으로써 얻어진다. 이렇게 얻은 여섯 개의 계급이 표 1.4에 주어져 있다.

경계값들은 자료값보다 한 자리 더 많은 소수점 아래의 자리를 갖고 있기 때문에 어떠한 자료값도 경계값에 놓이지 않는다. 즉 각 자료값은 정확하게 한 계급에만 속한다. 각 계급에 속하는 자료의 도수를 구하고 구한 계급의 도수를 전체 자료의 개수로 나누어 계급의 상대도수를 계산한다. 표 1.2는 이렇게 만든 통계학 성적의 도수분포표이다.

[표 1.2] 통계학 성적의 도수분포표

계 급	도 수	상대도수
50.5~60.5	3	0.15
60.5~70.5	4	0.20
70.5~80.5	6	0.30
80.5~90.5	4	0.20
90.5~100.5	3	0.15
합 계	20	1.00

1.5.3 히스토그램

히스토그램은 도수분포표를 그림으로 표현한 것이다. 먼저 자료를 몇 개의 계급으로 나누고 각 계급에 속하는 도수를 세어서, 가로축에는 각 계급의 끝 값을, 세로축에는 대응하는 도수를 나타내어 그린 수직 막대그래프를 히스토그램이라 한다. 다시 말해서, 히스토그램은 각 계급의 크기를 가로로 하고 도수 또는 상대도수를 세로로 하는 직사각형을 그린 것이며, 막대그래프와는 달리 각 계급에 속하는 기둥들이 계급의 경계에서 서로 연결되어 있다. 가로의 길이는 일정하므로 각 직사각형의 넓이는 각 계급의 도수에 비례한다.

세로축에 도수, 상대도수, 누적도수를 사용하느냐에 따라 각각 **도수 히스토그램**, **상대도수**

히스토그램, 누적도수 히스토그램으로 나눌 수 있다.

히스토그램을 이용하면 중심위치, 산포도, 치우침의 정도를 쉽게 파악할 수 있다.

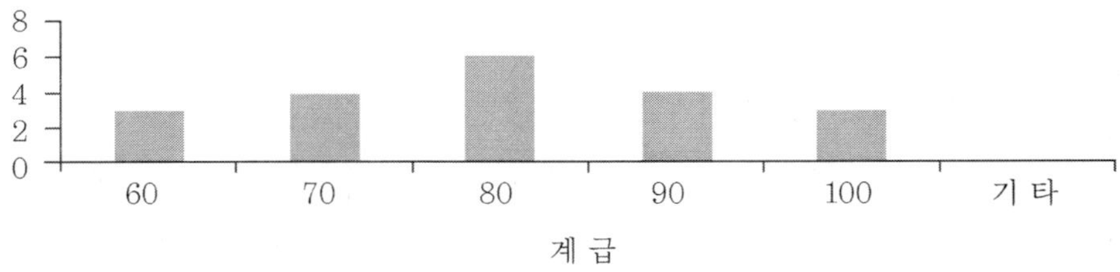

[그림 1.4] 통계학 성적의 히스토그램

1.5.4 도수다각형

도수 히스토그램과 상대도수 히스토그램에서 각 직사각형의 윗변의 중점을 차례로 선분으로 연결하여 얻은 그래프를 각각 **도수다각형**(frequency polygon)과 **상대도수 다각형**(relative frequency polygon)이라 한다. 즉 도수다각형은 히스토그램에서 계급값을 가로축의 좌표로 하여 각 계급에 대응하는 도수를 점찍어 연결한 그림이다. 그리고 양 끝은 도수가 0인 계급을 하나씩 추가하여 그 중점과 연결한다. 히스토그램의 직사각형의 넓이의 합과 도수다각형으로 둘러싸인 부분의 넓이는 같다. 도수다각형을 이용하면 분포의 모양에 따라 자료의 대칭성이나 자료 전체의 특징을 알 수 있고, 두 개 이상의 자료의 분포를 쉽게 비교할 수 있어 편리하다.

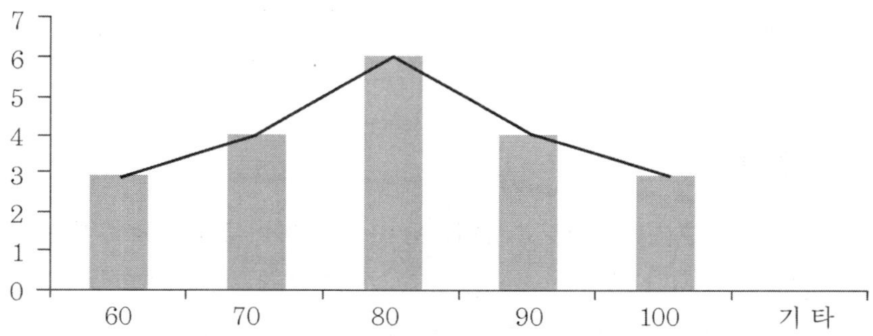

[그림 1.5] 예제 3의 도수다각형

1.5.5 누적도수다각형

주어진 자료로부터 도수의 분포외에 자료값의 누적도수분포를 생각하는 것도 흥미롭다. 도수분포표에서 각 계급의 도수를 변량의 값이 작은 쪽부터 차례로 어떤 계급의 도수까지 더한 합을 그 계급의 **누적도수**(cumulative frequency)라고 한다. 도수분포표에서 도수 대신에 누적도수를 이용하여 자료를 나열하여 놓은 표를 **누적도수분포표**라 한다. 가로축에 계급을 세로축에 누적도수를 표시하고 각 계급상한에 그 계급까지의 누적도수를 대응시켜 점으로 표시한 후, 이들 점을 작은 쪽에서 큰 쪽으로 차례로 선분으로 연결하여 그린 그래프를 **누적도수다각형**(cumulative frequency polygon)이라고 한다.

앞의 예에 대한 누적도수분포표와 누적도수다각형은 다음과 같다.

[표 1.3] 예제 3의 누적도수분포표

계 급	도 수	누적도수
50.5~60.5	3	3
60.5~70.5	4	7
70.5~80.5	6	13
80.5~90.5	4	17
90.5~100.5	3	20
합 계	20	20

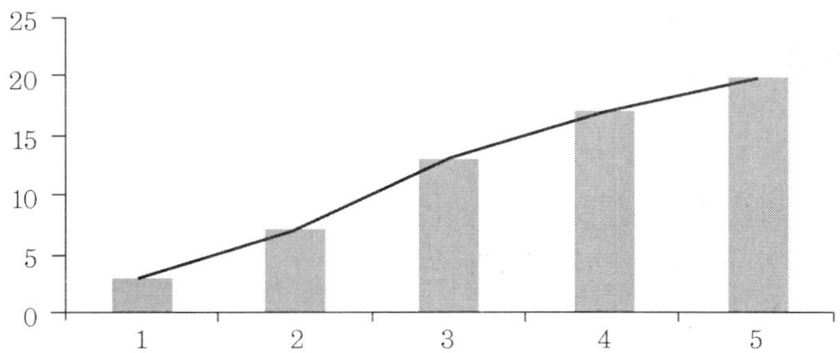

[그림 1.6] 예제 3의 누적도수다각형

1.5.6 점도표

자료의 크기가 작을 때는 **점도표**(dot diagram)를 이용하는 것이 편리하다. 점도표는 모든 자료를 포함할 수 있도록 눈금을 정한 수직선 위에 개별적인 자료값을 점으로 표시한 것이다.

예제 4

30개의 상자 안에 들어 있는 불량품의 수를 조사한 결과 다음과 같은 결과를 얻었다. 점도표를 그리시오.

8	6	0	4	9	6	0	8	9	5
1	7	9	1	6	1	0	9	7	4
2	4	5	4	5	6	6	1	4	9

풀이

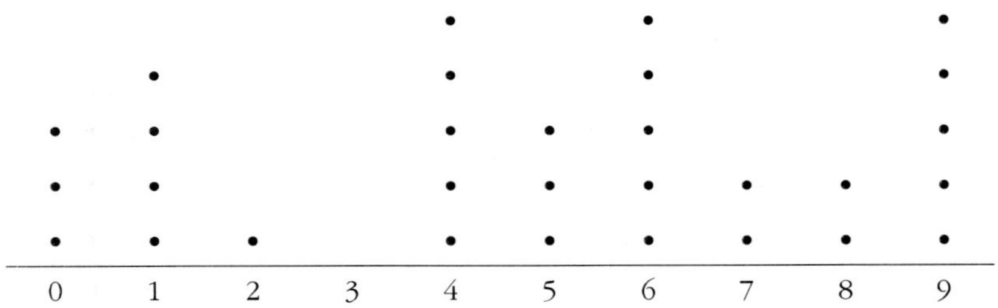

[그림 1.7] 점도표

연습문제

1. 다음 자료를 질적 자료와 양적 자료로 분류하라.
   (1) 초등학교 학생들이 좋아하는 과자의 이름
   (2) A회사의 한달 임금
   (3) 회사의 매출액
   (4) 양품, 불량품으로 나타내는 제품의 품질 기준
   (5) 월별 실업률
   (6) C대학교 전산과 학생의 통계학 시험점수

2. 분꽃 꽃잎 30개의 길이(단위:cm)가 다음과 같다.

10.5	11.0	11.0	12.5	8.5	7.0	11.5	7.0
6.5	8.2	12.0	12.5	8.3	7.2	15.5	13.5
12.2	11.7	9.5	8.7	13.2	12.8	9.5	13.5
11.7	9.1	14.7	7.6	10.3	7.9		

(1) 적절한 도수분포표를 작성하라.

(2) 상대도수 히스토그램을 그려라.

(3) 누적도수를 구하고 누적도수다각형을 그려라.

3. 어떤 자료에서 최소값이 50이고 최대값이 90일 때, 계급의 수는 5로 하여 도수분포표를 만들 때 계급의 간격을 구하여라.

4. 다음을 기술통계학분야와 추측통계학분야로 분류하여라.

(1) 최근 석유산유국의 유가인상으로 내년에는 석유값이 인상될 것 같다.

(2) 어떤 도시에는 작년에 발표된 모든 방화 중 적어도 5%는 방화범들이 저지른 것이다.

(3) 지방 진료소에서 어떤 특정한 약을 받은 모든 환자의 60% 약을 복용한 후에 부작용 증상이 나타났다.

(4) 지난 겨울에 사과 생산량의 20% 미만이 얼어서 썩었다면 금년 봄에는 사과 상자당 1000원 미만이 오를 것이다.

(5) 최근의 여론조사에 의하면 우리나라 사람들은 농산물 수입을 원하지 않는다.

5. 다음은 L사에서 제작되는 TV세트의 고장상태이다.

고장의 원인	비 율
화면이 어둡다	28%
화면이 흐리다	26%
화면이 찌그러진다	22%
화면이 번쩍거린다	19%
기 타	5%

이 자료를 알맞은 통계그래프로 나타내어라.

제2장

대표값

■ **본장의 개요**

이 장에서는 주어진 자료가 어떤 값을 중심으로 분포되어 있는가를 나타내는 중심위치의 측도(measure of location), 자료가 각 중심위치의 값으로부터 얼마나 흩어져 있는가를 나타내는 산포의 측도(measure of dispersion)등을 다루고자 한다. 특히 중심 위치의 측도는 주어진 자료가 어떤 값을 중심으로 분포되어 있는지를 알려주는데 이를 위하여 **대표값**을 계산하게 된다. 대표값이란 자료 전체의 특징을 하나의 수로 나타낸 값으로 계산적 대표값과 위치적 대표값으로 분류된다.

2.1 계산적 대표값

■ **계산적 대표**

모든 자료가 계산에 관계하는 추상적인 대표값으로 산술평균, 기하평균, 조화평균, 평방평균 등이 있다. 계산적 대표값을 구할 때는 자료값을 모두 이용하기 때문에 자료 중에 극단적인 값이 있을 때는 극단적인 값의 영향을 받는다는 단점이 있다.

2.1.1 산술평균

중심적인 경향을 표현하는 계산적 대표값 중 가장 중요하고 가장 많이 사용되는 것이 **산술평균**(arithmetic mean)이며, 평균이라 하면 통상 산술평균을 의미한다.

산술평균은 전체 자료의 값을 합하여 이 값을 자료의 개수로 나눈 값이다. 즉 관측한 자료값을 $x_1, x_{2,} \cdots, x_n$ 이라 표기할 때 산술평균 $\overline{x}$ 는 다음과 같이 정의된다.

■ 산술평균

$$\overline{x} = \frac{x_1 + x_2 + \ldots + x_n}{n} = \frac{1}{n}\sum_{i=1}^{n} x_i$$

전체의 자료를 몇 개의 계급으로 나누고, 각 계급에 속하는 도수를 조사하여 표로 정리한 도수분포표에서는 각 도수에 해당하는 자료값을 알 수 없는 경우가 있다. 이때에는 각 계급에 속하는 도수 전체를 대표하는 자료값을 그 계급의 자료값으로 택한다.

도수분포표가 다음과 같다고 하자.

계급값	x_1	x_2	$\cdots x_n$	합계
도수	f_1	f_2	$\cdots f_n$	N

이때, 산술평균 $\overline{x}$ 는 다음과 같이 정의된다.

■ 도수분포에서의 산술평균

$$\overline{x} = \frac{1}{N}\sum_{i=1}^{n} x_i f_i = \frac{1}{N}(x_1 f_1 + \cdots + x_n f_n)$$

단, x_i는 각 계급의 계급값, f_i는 도수, $N = \sum_{i=1}^{n} f_i$이다.

이렇게 정의된 $\overline{x}$를 특히 **가중산술평균**(weighted arithmetic mean)이라 한다.

주어진 자료가 모집단일 때는 평균은 **모평균**(population mean)이라 하며 통상 μ로 표시하고, 표본일 때는 **표본평균**(sample mean)이라 하고 $\overline{x}$ 로 표시한다.

예제 1

A아파트에 살고 있는 세대주들의 월급 수준을 알아보기 위하여 10명의 월급액수를 조사한 결과 다음과 같았다. 평균 월급액을 구하여라.

(단위:만원)

42	53	48	62	55	49	49	57	28	47

풀이 10개의 자료값에 대한 평균은 다음과 같다.

$$\overline{x} = \sum_{i=1}^{n} x_i/n = (42+53+48+62+55+49+49+57+28+47)/10$$

$$= 490/10 = 49\ (\text{만원})$$

■

산술평균의 특징

1. 자료값과 평균과의 차이 $x_i - \overline{x}$ 를 편차(deviation)라고 하는데 자료값의 편차의 합은 0이다.

$$\sum_{i=1}^{n}(x_i - \overline{x}) = 0$$

2. 산술평균은 극단적인 값의 영향을 많이 받는다.
3. 산술평균은 편차의 제곱의 합을 최소로 한다. 즉 산술평균에 대한 편차의 제곱의 합은 임의의 어떤 다른 수에 대한 편차의 제곱의 합보다 크지 않다.

$$\sum_{i=1}^{n}(x_i - \overline{x})^2 \le \sum_{i=1}^{n}(x_i - a)^2 \quad (\text{단, } a\text{는 상수})$$

4. 가평균을 A라 하고 x_i의 각 편차를 $d_i = x_i - A$ 라 하면

$$\overline{x} = A + \left(\frac{\sum u_i f_i}{N}\right) \times c$$

이 된다. (단 $c = \dfrac{\text{가장큰 변량} - \text{가장작은 변량}}{\text{계급의 수}}$)

예제 2

다음의 도수분포표에서 산술평균을 구하라.

계 급	도 수
0~10	4
10~20	3
20~30	10
30~40	2
40~50	1
합계	20

풀이 $\overline{x}=\dfrac{1}{n}\sum_{i=1}^{k}x_i f_i$에서 $n=20,\ k=5$이고 x_i는 계급값으로 각 계급의 중앙의 값을 뜻한다.

즉 계급값은 각각 5, 15, 25, 35, 45이다. 그러므로 평균은 다음과 같다.

$$\begin{aligned}\overline{x}&=\frac{1}{20}(5\times4+15\times3+25\times10+35\times2+45\times1)\\&=21.5\end{aligned}$$

■

예제 3

예제 2에서 각 계급의 계급값을 x_i라 하고 $y_i=\dfrac{1}{5}x_i-2$이라 할 때 $\overline{y}$를 구하라.

풀이

x_i	5	15	25	35	45
y_i	-1	1	3	5	7
f_i	4	3	10	2	1
$y_i f_i$	-4	3	30	10	7

$\overline{y}=\dfrac{1}{n}\sum_{i=1}^{k}y_i f_i$에서 $n=20,\ \ k=5$이므로 $\overline{y}=\dfrac{1}{20}\sum_{i=1}^{5}y_i f_i=\dfrac{1}{20}(46)=2.3$ 이다.

또는 예제 2의 $\overline{x}=21.5$를 이용하여 다음과 같이 구할 수도 있다.

$\overline{y}=a\overline{x}+b$로부터 $a=\dfrac{1}{5},\ \ b=-2$이므로 $\overline{y}=\dfrac{1}{5}(21.5)-2=2.3$ 이다.

■

2.1.2 기하평균

기하평균(geometric mean)은 등비수열의 형태와 같이 공비에 해당하는 비율로 증가 또는 감소하는 현상인 인구증가율, 물가변동율, 경제성장율 등의 계산에 사용된다. 관측한 자료값들을 $x_1, x_2, \cdots, x_n$ 으로 나타낼 때 기하평균은 다음과 같이 정의된다.

■ 기하평균

$$G = \sqrt[n]{\prod_{i=1}^{n} x_i} = \sqrt[n]{x_1 \times \ldots \times x_n}$$

예제 4

5개의 측정값 2, 4, 8, 16, 32의 기하평균을 구하라.

풀이 $G = \sqrt[5]{2 \times 4 \times 8 \times 16 \times 32} = \sqrt[5]{2^{15}} = 8$

예제 5

자본금 A원으로 사업을 시작하여 첫해는 그 자본금의 2배, 다음 해는 4배, 셋째 해에는 8배의 증가율을 얻었으나 넷째 해에는 크게 실패하여 1/4로 줄었다. 연평균 자본금은 몇 배로 늘었는지 구하여라.

풀이 연평균 자본상승률을 G라고 하면, $G \times G \times G \times G = 2 \times 4 \times 8 \times (1/4)$ 이다.
즉 G는 2, 4, 8, 1/4의 기하평균은 다음과 같다.

$$G = \sqrt[4]{2 \times 4 \times 8 \times (1/4)} = \sqrt[4]{16} = 2$$

■ 기하평균의 특징

① 추상적인 대표값이다.
② 변량 중 극단적인 값의 영향을 받으나 산술평균보다 적다.
③ 시계열(time series) 자료변동율의 대표값으로서 적당한 성질을 갖는다.

2.1.3 조화평균

관측한 자료값들을 $x_1, x_2, \cdots, x_n$ 이라 할 때 역수를 취한 자료값들의 산술평균을 구한 다음, 다시 그 값의 역수를 취하여 대표값을 구하는데 이 대표값을 **조화평균**(harmonic mean)이라 하며 다음과 같이 정의한다.

■ 조화평균

$$H = \frac{1}{\frac{\sum_{i=1}^{n} \frac{1}{x_i}}{n}} = \frac{n}{\sum_{i=1}^{n} \frac{1}{x_i}}$$

이것은 시간에 따라 변하는 변량이나 속도, 상품시세의 평균계산에 이용된다.

예제 6

두 지점을 왕복하는데 갈 때에는 매시 5km로 걷고 올 때에는 매시 4km로 걸었다.
이 두 지점을 왕복하는데 매시 평균속도를 구하여라.

풀이 두 지점의 거리를 $s$km라 하면 두 지점의 왕복거리는 $2s$km이다. 왕복하는 데 걸린 총 소요시간은 $\frac{s}{5}+\frac{s}{4}$이다. 그러므로 평균시속은 다음과 같다.

$$\text{평균시속} = \frac{\text{총 거리}}{\text{총 소요시간}} = \frac{2s}{\frac{s}{5}+\frac{s}{4}} = \frac{2}{\frac{1}{5}+\frac{1}{4}} = 4.5km/h$$

■ 조화평균의 특징

① 추상적인 대표치이다.
② 변량 중의 극단적인 값의 영향을 받으나 산술평균보다는 적다.
③ 역수를 갖는 변량의 평균 외에는 거의 사용하지 않는다.
④ 시간적으로 계속하여 변하는 변량의 평균계산시 사용한다.
⑤ 상품시세 산출, 속도 등에 사용한다.

2.1.4 평방평균

자료값들의 제곱을 평균하여 그 제곱근으로 계산되는 추상적 대푯값을 **평방평균**(quadratic mean)이라 한다. 관측한 자료값들을 $x_1,\ x_2,\ \cdots,x_n$ 이라 할 때 평방평균은 다음과 같이 정의된다.

■ 평방평균

$$Q = \sqrt{\frac{1}{n}\sum_{i=1}^{n} x_i^2}$$

예제 7

변량 1, 2, 3, 4, 5의 평방평균을 구하여라.

풀이 $Q = \sqrt{\frac{1}{n}\sum_{i=1}^{n} x_i^2}$ 에서 $n = 5$ 이므로 위의 공식을 이용하면 다음을 얻는다.

$$Q = \sqrt{\frac{1}{5}(1^2 + 2^2 + 3^2 + 4^2 + 5^2)} = \sqrt{\frac{55}{5}} = \sqrt{11} = 3.317$$

산술평균과 기하평균 및 조화평균과의 관계

동일자료에 의해 계산된 산술평균($\overline{x}$), 기하평균(G), 조화평균(H) 사이에는 다음과 같은 관계가 있다.

$$\overline{x} \ge G \ge H$$

$$\frac{x+y}{2} \ge \sqrt{xy} \ge \frac{2xy}{x+y}$$

2.2 위치적 대표값

계산적 대표값은 자료 중에 극단적인 값이 있을 경우에 극단적인 값의 영향을 받는 단점이 있다. **위치적 대표값**은 계산적 대표값의 단점을 보완한 대표값으로 차이가 심한 극단적인 값이 존재할 때 주로 사용된다. 위치적 대표값에는 중앙값, 최빈값, 사분위수, 백분위수 등이 있다.

2.2.1 중앙값

위치적 대표값에서 가장 중요하고 많이 이용하는 대표값으로 **중앙값**(median)이 있다. 중앙값은 자료를 크기순으로 나열할 때 가운데 놓이는 자료값이며 이를 **중위수**라고도 하고 Me로 나타낸다.

$x_1, x_2, \cdots, x_n$을 크기순으로 배열한 자료값이라 하면, n이 홀수이면 중앙값의 위치는 $(n+1)/2$번째가 되어 $(n+1)/2$번째 자료값이 중앙값이 되고 n이 짝수일 때는 가운데 위치한 2개의 자료값의 평균으로 중앙값을 정의한다. 즉 n이 짝수일 때는 $n/2$번째 자료값과 $\frac{n}{2}+1$번째 자료값의 평균이 중앙값이 된다.

예제 8

예제 1의 자료에서 월급액수의 중앙값을 구하라.

풀이 자료를 크기순으로 배열하면 다음과 같다.

(단위 : 만원)

28	42	47	48	49	49	53	55	57	62

$n=10$ 이기 때문에 $\frac{10}{2}$번째에 자료값과 $\frac{10}{2}+1$ 번째에 있는 자료값의 평균 49가 중앙값이다. ■

예제 9

관측한 자료값이 2, 9, 11, 5, 6, 27일 때 이 자료값들의 평균과 중앙값을 구하라.

풀이 여섯 개의 자료값들의 합은 60이다. 그러므로 평균은 $\bar{x}=\frac{60}{6}=10$이다. 그러나 이 값을 중심 위치의 적절한 측도로 생각할 수 없다. 왜냐하면 여섯 개의 자료값 중에서 네 개의 자료값이 10보다 작기 때문이다. 11과 27을 제외하고 평균을 구하면 $\overline{x}$는 5.5가 되어 평균이 크게 변했음을 알 수 있으며, 평균 5.5가 앞에서 구한 10보 다 훨씬 더 좋은 중심 위치의 측도임을 알 수 있다.

중앙값을 구하기 위하여 자료값을 크기순으로 배열하자. 크기순으로 배열하면 주어진 자료는 2, 5, 6, 9, 11, 27이 된다. $6/2=3$ 번째 자료값과 $6/2+1=4$ 번째 자료값이 가운데 위치한 자료값이므로 중앙값은 $(6+9)/2=7.5$가 된다.

여기서 중앙값 7.5가 평균 10보다 더 적절한 중심위치의 측도임을 알 수 있다. ■

평균은 극단적인 값의 영향을 많이 받는 반면에 중앙값은 극단적인 값의 영향을 받지 않기 때문에 자료에 극단적인 값이 존재할 때는 평균보다 중앙값이 중심위치의 측도로서 더 큰 의미를 가진다는 사실을 예제 9는 보여준다.

심하게 비대칭인 분포에서는 중앙값이 평균보다 중심위치의 더 적절한 측도이다. 그러나 심하게 비대칭이 아닌 분포에서는 중앙값보다 평균을 더 많이 사용하고 있는데 그 이유는 중앙값을 사용하는 것이 모집단의 특성에 대한 추론을 어렵게 하기 때문이다.

자료의 총 도수 n이 클 때는 도수분포표를 작성하여 근사적인 중앙값을 구하는데, 이때 n이 크고 근사적인 중앙값을 구하기 때문에 n이 짝수건 홀수건 구별하지 않고 $\frac{n}{2}$ 번째 자료값을 계산에 의하여 다음과 같이 구한다.

도수분포에서의 중앙값

$$Me = L + \left(\frac{n}{2} - F_{-1}\right)\frac{c}{f}$$

여기서 L은 중앙값이 속한 계급하한, n은 자료의 총도수, F_{-1}은 중앙값이 속한 계급 이전까지의 누적도수, c는 계급간격, f는 중앙값이 속한 계급의 도수이다.

이 공식을 얻는 과정은 아래를 보라.

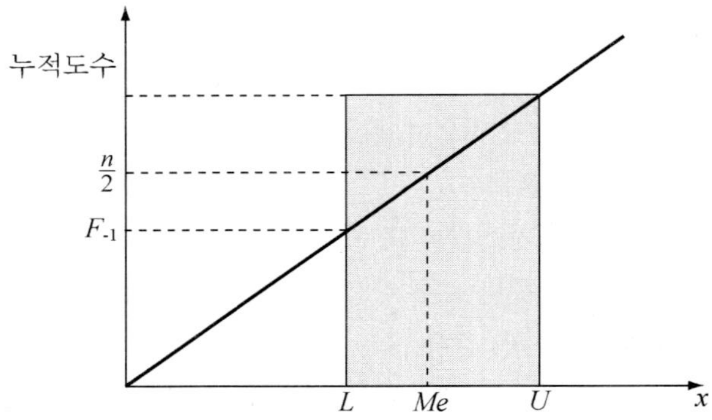

[그림 2.1] 중앙값이 속한 계급의 누적도수 히스토그램

그림 2.1은 누적도수 히스토그램의 일부분을 나타낸 것이다. 중앙값 Me가 L과 U 사이에 속한다고 하자. 그러면 다음 비례식이 성립한다.

$$(Me - L) : c = \left(\frac{n}{2} - F_{-1}\right) : f$$

그러므로 다음을 얻는다.

$$Me = L + \left(\frac{n}{2} - F_{-1}\right) \cdot \frac{c}{f}$$

예제 10

다음 도수분포표에서 중앙값을 구하라.

계 급	도 수	누적도수
0~20	4	4
20~40	12	16
40~60	26	42
60~80	15	57
80~100	3	60
합 계	60	60

풀이 중앙값은 자료를 크기순으로 배열할 때 가운데 위치하는 값으로 추정되는 값은 60/2 번째 정도에 위치하게 된다. 세 번째 계급의 누적도수가 42이므로 30번째 자료값은 세 번째 계급 40~60에 속함을 알 수 있다. 세 번째 계급 40~60는 17번째부터 42번째까지 26개의 자료값을 포함하고 있고 30번째 자료값은 이 중 14번째에 해당한다. 이 계급에 속한

26개의 자료들이 일정한 간격으로 분포되어 있다고 생각하면 15번째 자료값은 계급하한 40로부터 $(60-40)\times\dfrac{15}{26}$ 만큼 떨어져 있다고 생각할 수 있다. 따라서 중앙값은 다음과 같다.

$$40+\left(\frac{60}{2}-16\right)\times\frac{20}{26}=50.77$$

중앙값의 특징

1. 극단적인 값의 영향을 받지 않으나 대수적 취급이 불편하다.
2. 중앙값에 대한 편차의 절대값의 합을 최소로 한다. 즉 다음이 성립한다.

$$\sum_{i=1}^{n}|x_i-Me|\le\sum_{i=1}^{n}|x_i-a| \quad (\text{단}, a\text{는 상수})$$

3. 좌우대칭 분포형일 때는 $\overline{x}$ 와 Me 는 일치한다.
4. 경기변동을 산출할 때 사용한다.

2.2.2 최빈값

최빈값(mode)은 자료값 중에서 가장 자주 나타나는 값이며, 이는 의류업계에서 기성복의 치수를 정할 때 주로 이용된다. 양적 자료의 대부분의 경우는 많은 종류의 자료값을 가지는데 이때 대부분의 자료값들은 한 번만 나타나서 최빈값을 구하는 것이 곤란하거나 불합리할 때가 많다. 이런 경우 자료를 몇 개의 계급으로 나누어서 가장 도수가 높은 계급, 즉 **최빈계급**(modal class)의 계급값을 최빈값으로 정한다.

예제 11

다음 자료에서 최빈값을 구하라.

(1) 24, 12, 14, 24, 10, 18, 32, 18, 24, 36, 24, 12

(2) 2, 2, 2, 3, 3, 5, 7, 9, 9, 9

(3) 1, 2, 3, 4, 5

풀이 (1) 24의 도수가 4이므로 가장 자주 나오는 값이다. 따라서 최빈값은 24이다.
(2) 2와 9의 도수는 3이므로 가장 자주 나오는 값이다. 따라서 최빈값은 2와 9이다.
(3) 주어진 자료값의 도수가 모두 같으므로 최빈값은 존재하지 않는다.

예제 12

다음 도수분포표에서 최빈값을 구하라.

계 급	도 수
50~52	3
53~55	4
56~58	10
59~61	12
62~64	11
합 계	60

풀이 최빈계급은 59~61이므로 최빈값은 이 계급의 계급값인 60이다.

최빈값의 특징

① 가장 이해하기 쉬운 대표값이다.
② 자료 중의 극단적인 값(이상점)의 영향을 받지 않은 대표값이다.
③ 최빈값은 반드시 하나만 존재하는 것은 아니다.
④ 의류업계의 기성복의 치수 등을 정할 때 편리하다.

2.2.3 사분위수

자료의 크기가 매우 클 때(25나 30보다 클 때) 중앙값의 개념을 확장하여 자료를 크기순으로 배열하여 4등분하는 것이 유용하다. 배열된 자료를 2등분하는 수를 중앙값이라 하는 것과 마찬가지로 크기순으로 배열된 자료를 4등분하는 수를 **사분위수**(quartiles)라 한다. 사등분하는 수 중 첫 번째에 위치한 수를 **제1사분위수**(lower quartile), 두 번째에 위치한 수를 **제2사분위수**

(second quartile), 세 번째에 위치한 수를 **제3사분위수**(upper quartile)라 하며 각각 Q_1, Q_2, Q_3로 표기한다. 여기서, Q_2는 앞에서 공부한 중앙값에 해당된다.

제1사분위수와 제3사분위수를 구하는 방법은 다음과 같다.

사분위수

$$\text{제1사분위수: } Q_1 = L_1 + \left(\frac{n}{4} - F_1\right)\frac{c}{f_1}$$

$$\text{제3사분위수: } Q_3 = L_3 + \left(\frac{3}{4}n - F_3\right)\frac{c}{f_3}$$

여기서 n은 자료의 총 도수, L_1은 Q_1이 속한 계급의 하한, F_1은 Q_1이 속한 계급이전까지의 누적도수, c는 계급간격, f_1은 Q_1이 속한 계급의 도수, L_3은 Q_3이 속한 계급의 하한, F_3은 Q_3이 속한 계급 이전까지의 누적도수, 그리고 f_3은 Q_3이 속한 계급의 도수이다.

예제 13

예제 10의 도수분포표에서 제1사분위수 Q_1과 제3사분위수 Q_3를 각각 구하라.

풀이 $\frac{60}{4} = 15$ 이므로 제1사분위수는 두 번째 계급 40~60에 속한다.

$Q_1 = L_1 + \left(\frac{n}{4} - F_1\right)\frac{c}{f_1}$ 에서 $L_1 = 40$, $F_1 = 16$, $f_1 = 26$, $c = 20$이므로 다음을 얻는다.

$$Q_1 = 40 + (15 - 16)\frac{20}{26} = 39.23$$

$\frac{3}{4}n = 45$ 이므로 제3사분위수는 네 번째 계급 60~80에 속한다.

$Q_3 = L_3 + \left(\frac{3}{4}n - F_3\right)\frac{c}{f_3}$ 에서 $L_3 = 60$, $F_3 = 42$, $f_3 = 15$, $c = 20$이므로 다음을 얻는다.

$$Q_3 = 60 + (45 - 42)\frac{20}{15} = 44$$

■

2.2.4 백분위수

크기순으로 배열된 자료를 100등분하는 수를 **백분위수(percentiles)**라 하는데 이는 사분위수의 개념을 확대한 수이다. **제p백분위수(p-th percentiles)**는 주어진 자료를 크기순으로 배열할 때 자료값 중 $p\%$ 가 그 값보다 작거나 같고 $(100-p)\%$ 가 그 값보다 크거나 같게 되는 값이다.

사분위수와 중앙값은 다음과 같은 백분위수에 해당된다.

$$\begin{aligned} \text{제1사분위수} &= \text{제25백분위수} \\ \text{중앙값} &= \text{제50백분위수} \\ \text{제3사분위수} &= \text{제75백분위수} \end{aligned}$$

제 p백분위수는 다음과 같이 정의된다.

■ 백분위수

$$\text{제}p\text{백분위수}: L+\left(\frac{pn}{100}-F\right)\frac{c}{f},\ p=1,2,...,99$$

여기서 n은 자료의 총 도수, L은 제 p백분위수가 속한 계급의 하한, F는 제 p백분위수가 속한 계급이전까지의 누적도수, c는 계급간격, f는 제 p백분위수가 속한 계급의 도수이다.

사분위수 및 중앙값과 백분위수와의 관계

Q_1 : 제25백분위수	Q_2 : 제50백분위수	Q_3 : 제75백분위수
Q_4 : 제100백분위수	중앙값 : 제50백분위수	

2.3 대표값의 비교

먼저, 계산적 대표값 중 산술평균, 기하평균, 조화평균 사이의 관계를 알아보자.

(1) 계산적 대표값 산술평균 $\overline{x}$, 기하평균 G, 조화평균 H사이의 관계

$$\overline{x} \geq G \geq H$$

여기서, 등호는 자료값이 모두 같을 때만 성립한다.

자료가 단 하나의 최빈값을 갖고 이에 대해 대칭적이라면 평균과 중앙값, 최빈값이 모두 일치한다. 그러나 분포가 한 쪽으로 치우쳐 있다면 이 값들은 서로 일치하지 않는다. 이 세 가지 측도, 즉 평균, 중앙값, 최빈값에 대한 관계를 살펴보면 다음과 같다.

(2) 피어슨(K.Pearson)의 실험 공식

$$\overline{x} - Mo \fallingdotseq 3(\overline{x} - Me)$$

여기서, $\overline{x}$는 산술평균, Mo는 최빈값, Me는 중앙값이다.

(3) 위치적 대표값의 최빈값 Mo, 중앙값 Me와 계산적 대표값의 산술평균 $\overline{x}$ 사이의 관계

① 도수분포가 완전히 대칭인 경우 : $\overline{x} = Me = Mo$

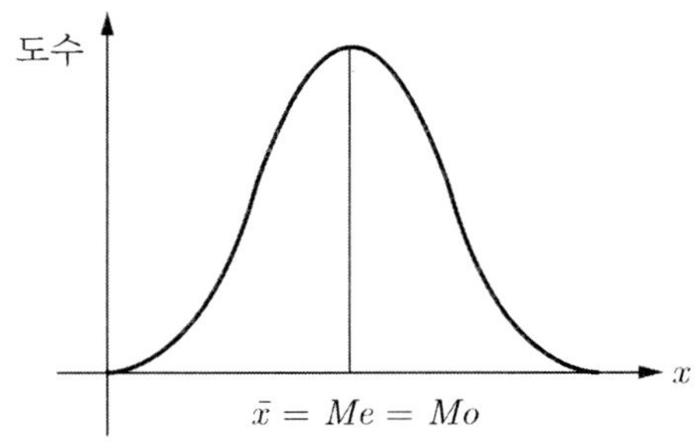

[그림 2.2] 도수분포가 완전대칭인 경우

② 도수분포가 왼쪽으로 치우친 분포를 나타내는 경우 : $Mo < Me < \overline{x}$

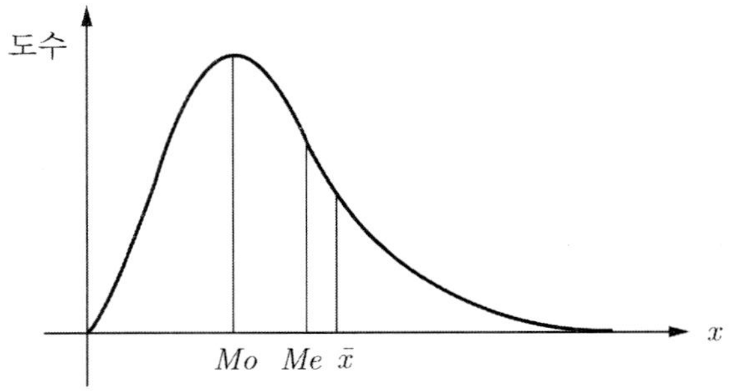

[그림 2.3] 도수분포가 왼쪽으로 치우친 경우

③ 도수분포가 오른쪽으로 치우친 분포를 나타내는 경우 : $Mo > Me > \overline{x}$

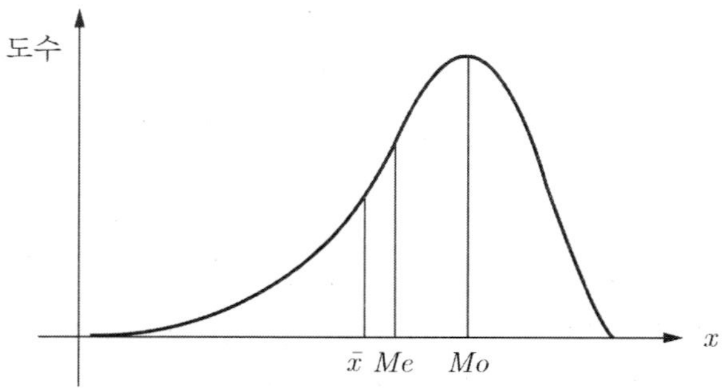

[그림 2.4] 도수분포가 오른쪽으로 치우친 경우

연습문제

1. 평균에 대한 편차의 합을 구하여라.

2. 3.3, 3.7, 3.5, 3.1, 3.4, 3.9의 중앙값을 구하여라.

3. 다음 자료에서 최빈값을 구하라.

1 3 5 7 7 9 1 0

4. 다음 자료에서 산술평균, 중앙값, 최빈값을 구하라.

1 2 3 4 4 1 0

5. 7명의 학생의 키가 다음과 같다고 하자. 가장 알맞은 대표값을 구하여라.

180cm 181cm 182cm 183cm 184cm 185cm 197cm

6. 다음 도수분포표에서 중앙값과 사분위수 및 최빈값을 구하라.

계급	인원수
60~62	5
63~65	18
66~68	42
69~71	27
72~74	8
합계	100

7. 변량 $x_1, x_2, \cdots, x_n$ 의 평균이 6일 때, 다음 변량의 평균을 구하여라.

$$3x_1+5,\ 3x_2+5,\ \cdots\ 3x_n+5$$

8. 어떤 두 지점 A, B를 왕복하는데 A에서 B로 갈 때 시간당 7km를 걷고 B에서 A로 올 때는 시간당 4km를 걸었다. 평균속력을 구하라.

9. 어떤 기금 모금의 행사에서 1달러, 5달러, 10달러의 상품이 각각 25개, 5개, 1개 들어 있는 추첨함이 있다. 돈을 지불하면 1회 뽑는 기회가 주어진다면 지불한 금액과 같은 값의 상품을 얻으려면 얼마나 지불해야 하는지 구하여라.

10. 다음 도수분포표에서 산술평균을 구하라.

계급	도수
40~49	7
50~59	10
60~69	28
70~79	33
80~89	16
90~99	6
계	100

11. 산술평균이 79.77, 중앙값이 79.06일 때 최빈값을 구하라.

제3장

산포도

■ **본장의 개요**

앞 절에서는 자료의 분포상태를 중심위치의 측도로서 요약하는 방법을 소개하였다. 이절에서는 자료의 분포상태를 몇 개의 숫자로 요약하기 위하여, 중심위치에 대한 측도와 더불어 자료가 중심위치로부터 얼마나 흩어져 있는가를 나타내는 산포의 측도가 필요함을 공부하고자 한다. 산포도는 크게 절대적 산포도와 상대적 산포도로 분류된다. 1절에서는 범위, 평균편차, 분산과 표준편차를 다루는 절대적 산포도에 대하여 알아보고, 2절에서는 변이계수, 사분위편차계수, 평균편차계수를 다루는 상대적 산포도에 대하여 알아본다. 3절에서는 원점에 관한 적률과 평균에 관한 적률을 소개하고, 4절에서는 왜도와 첨도를 다루고, 5절에서는 상자그림과 5점요약 표시를 이용하여 자료를 정리하는 방법을 다룬다.

3.1 절대적 산포도

대표값이 비슷한 집단 사이의 산포도를 비교하기 위하여 절대적 산포도(absolute measure of dispersion)를 이용한다. 절대적 산포도에는 범위, 평균편차, 분산과 표준편차 등이 있다.

3.1.1 범위

산포도 중 가장 쉽게 구할 수 있는 것이 범위(range)이다. 범위는 가장 큰 자료값과 가장 작은 자료값의 차이를 말한다. 예를 들면 1, 2, 3, 7, 9, 11, 91이라는 값을 가진 7개 자료의 범위는 가장 큰 값 91에서 가장 작은 값 1을 뺀 값, 즉 91−1=90이다.

범위는 계산하기 쉬운 산포도이지만 극단적인 값의 영향을 많이 받으므로 불안정한 단점이 있다.

> **범위의 특성**
>
> ① 가장 간단히 구할 수 있는 산포도이다.
> ② 이상치에 영향을 많이 받기 때문에 불안정한 산포도이다.
> ③ 생산품질관리 등의 경우에서처럼 제한적인 분야에서만 사용된다.

예제 1

일주일 동안 어떤 주식에 대한 주가의 최저 가격이 82.5달러였고 주가의 범위가 15.75달러였다. 일주일 동안에 주가의 최고가격은 얼마인가?

풀이 15.75=최고가격−82.5 그러므로 최고가격=98.25

3.1.2 평균편차

다음 자료 (1)과 (2)에서 보는 바와 같이 중심 위치는 같더라도 자료의 분포형태는 완전히 다를 수 있다.

$$(1)\ 2,2,3,3,4,4,4,4,4,5,6,7$$

$$(2)\ 1,1,1,2,2,3,3,4,7,7,8,9$$

자료 (1)에서 자료가 중심 위치에서 떨어져 있는 정도를 알아보자. 각 자료값에서 평균을 뺀 값을 그 **자료값의 편차**(deviation)라고 하는데 먼저 편차를 구해 보자.

$$-2,\ -2,\ -1,\ -1,\ 0,\ 0,\ 0,\ 0,\ 0,\ 1,\ 2,\ 3$$

편차를 모두 합하면 0이 된다. 그런데 평균에 대한 편차의 합은 자료 (1)과 자료 (2)에서와 마찬가지로 다른 모든 자료에 대해서도 항상 0이다. 그 이유는 다음과 같다.

자료값들을 $x_1, \ldots, x_n$이라 할 때 평균에 대한 편차는 다음과 같다.

$$(x_1 - \overline{x}), (x_2 - \overline{x}), \ldots, (x_n - \overline{x})$$

그런데 $\sum_{i=1}^{n} x_i = n\overline{x}$ 이기 때문에 다음이 성립한다.

$$\sum_{i=1}^{n}(x_i - \overline{x}) = \sum_{i=1}^{n} x_i - n\overline{x} = n\overline{x} - n\overline{x} = 0$$

이와 같이 n개의 편차 중 평균보다 큰 자료값의 편차는 양의 값을 갖고 평균보다 작은 자료값의 편차는 음의 값을 가져서 서로의 값을 상쇄시키기 때문에 모든 편차의 합을 0으로 만든다. 이러한 이유 때문에 편차의 평균은 산포도로서 의미가 없다. 따라서 편차의 합이 0이 되지 않도록 하기 위하여 각 편차의 절대값을 취하든지 제곱을 한다.

각 편차에 절대값을 취하여 산술평균을 구한 것을 **평균편차**(average deviation)라 하며 MD로 표시한다. 즉 평균편차는 다음과 같이 정의된다.

■ 평균편차

$$MD = \frac{1}{n}\sum_{i=1}^{n}|x_i - \overline{x}| \quad 단, n = \sum_{i=1}^{n} f_i$$

평균편차는 분산이나 표준편차보다 극단적인 값의 영향을 덜 받는다는 장점이 있으나 절대값이 포함되어 있어 다루기가 불편하다.

도수분포일 경우

$$MD = \frac{1}{N}\sum_{i=1}^{n}|x_i - \overline{x}| f_i \quad 이다.(단, N = \sum_{i=1}^{n} f_i)$$

평균편차의 특성

① 평균편차는 절대값을 사용하므로 수학적으로 다루기가 불편하다.
② 극단적인 편차의 영향이 분산이나 표준편차보다 적어서 이 영향을 줄일 경우에 사용된다.

예제 2

한 비서가 편지 12장을 타자 하였다. 편지 한 장을 타자하는데 걸린시간(단위:분)은 다음과 같았다. 평균편차를 구하여라.

6, 8, 13, 10, 8, 9, 10, 6, 8, 8, 6, 10

풀이 $\overline{x}= 8.5$. 따라서

$$MD = \frac{1}{12}\sum_{i=1}^{12} = \frac{1}{12} \times 19.0 = 1.58$$

3.1.3 분산과 표준편차

평균편차를 구하는 식은 절대값 기호를 포함하는 식으로 수리적으로 다루기 불편하므로 특별한 경우를 제외하고는 그다지 사용되지 않은 대신에 편차의 제곱의 평균으로 정의되는 **분산**(variance)을 사용한다. 분산은 자료의 모든 관찰값을 이용하여 자료의 변이성을 수치로 계산하여 나타낸다. 즉, 모든 관찰값에서 평균값을 뺀 값을 제곱하여 더한 다음 이것을 자료 항목의 수로 나누어 구한다.

자료가 $x_1, x_2, \ldots, x_n$ 일 때 분산을 s^2 으로 나타내며 이를 식으로 정리하면 다음과 같다.

■ 분 산

$$s^2 = \frac{1}{n}\sum_{i=1}^{n}(x_i - \overline{x})^2$$

표준편차(standard deviation)는 분산의 양의 제곱근으로 정의되며 s 로 나타낸다. 즉 다음과 같이 나타낼 수 있다.

표준편차

$$s = \sqrt{\frac{1}{n}\sum_{i=1}^{n}(x_i - \overline{x})^2}$$

분산과 표준편차는 자료가 평균의 주변에 흩어져 있는 정도를 나타내므로, 그 값이 클수록 평균을 중심으로 하여 자료가 흩어져 있는 정도가 심하다고 할 수 있다. 반대로 분산과 표준편차가 작을수록 자료의 분포상태는 고르다고 할 수 있다.

분산과 표준편차의 특성

① 분산이 0이면 자료는 모두 평균값에 집중되어 있다.

② 표준편차는 편차의 제곱으로 계산된 것이기 때문에 자료의 이상적인 변동의 뜻을 중시하는 산포도이다.

③ 2개 집단 N_1, N_2의 산술평균이 $\bar{x}$이고 분산이 σ_1^2, σ_2^2일 때 N_1, N_2의 합동 분산은 $\dfrac{N_1\sigma_1^2 + N_2\sigma_2^2}{N_1 + N_2}$ 이다.

④ 자료 $x_1, x_2, \cdots, x_n$ 의 표준편차를 σ라 할 때 이 자료에 일정한 수 k를 곱한 자료 $kx_1, kx_2, \cdots, kx_n$ 의 표준편차는 $|k|\sigma$가 된다.

⑤ 자료 $x_1, x_2, \cdots, x_n$ 의 표준편차와 이 자료에 일정한 수 k를 더하거나 뺀 자료 $x_1 \pm k, x_2 \pm k, \cdots, x_n \pm k$ 의 표준편차는 일치한다.

예제 3

국제경기에서, 높이뛰기 경기 중 6명의 심판원이 다음과 같은 점수를 주었다.

$$7 \quad 5 \quad 9 \quad 7 \quad 8 \quad 6$$

이 자료의 분산과 표준편차를 구하여라.

풀이 먼저 평균을 구한다.

$$\bar{x} = \frac{7+5+9+7+8+6}{6} = 7$$

다음 분산을 구한다.

$$s^2 = \frac{1}{6}\sum_{i=1}^{6} = \frac{(0)^2 + (-2)^2 + (2)^2 + (0)^2 + (1)^2 + (-1)^2}{6} = \frac{5}{3}$$

따라서, 구하는 표준편차는 다음과 같다.

$$s = \sqrt{\frac{5}{3}} = 1.29$$

분산의 간편한 계산식을 소개하면 다음과 같다.

$$\begin{aligned} s^2 = \frac{1}{n}\sum_{i=1}^{n}(x_i - \overline{x})^2 &= \frac{1}{n}\sum_{i=1}^{n}(x_i^2 - 2\overline{x}x_i + \overline{x^2}) \\ &= \frac{1}{n}(\sum x_i^2 - 2\overline{x}\sum x_i + n\overline{x^2}) \\ &= \frac{1}{n}\sum x_i^2 - 2\overline{x^2} + \overline{x^2} \\ &= \frac{1}{n}\sum x_i^2 - \overline{x^2} \end{aligned}$$

예제 4

A군은 5회에 걸친 전산학 시험(10점만점)에서 차례로 6, 5, 8, 6, 10(점)을 얻었다. 이들 점수의 표준편차 s 를 구하여라.

풀이 먼저 평균값 $\overline{x}$ 를 구하면 다음과 같다.

$$\overline{x} = \frac{6+5+8+6+10}{5} = 7(\text{점})$$

분산과 표준편차를 구하기 위해서 다음과 같이 표를 만들면 편리하다.

x_i	6	5	8	6	10	$\sum x_i = 35$
$(x_i - \overline{x})$	-1	-2	1	-1	3	$\sum(x_i - \overline{x})^2 = 16$
$(x_i - \overline{x})^2$	1	4	1	1	9	

$$\text{분산} \quad s^2 = \frac{\sum(x_i - \overline{x})^2}{n} = \frac{16}{5} = 3.2$$

$$\text{표준편차} \quad s = \sqrt{3.2} \fallingdotseq 1.79$$

간편식을 이용하여 분산을 구하면 다음과 같다.

x_i	6	5	8	6	10	$\sum x_i = 35$
x_i^2	36	25	64	36	100	$\sum x_i^2 = 261$

$$\text{분산} \quad s^2 = \frac{1}{n}\sum x_i^2 - \overline{x}^2$$
$$= \frac{261}{5} - 7^2 = 3.2$$
$$\text{표준편차} \quad s = \sqrt{3.2} \fallingdotseq 1.79$$

도수분포표가 다음과 같이 정리되었다고 하자.

계급값	$x_1 \quad x_2 \quad \cdots \quad x_n$	합계
도수	$f_1 \quad f_2 \quad \cdots \quad f_n$	N

이 자료의 평균을 $\overline{x}$ 라 하면 분산 s^2 과 표준편차 s 는 다음과 같이 정의된다.

■ 도수분포에서의 분산과 표준편차

$$s^2 = \frac{1}{N}\sum_{i=1}^{n}(x_i - \overline{x})f_i, \qquad s = \sqrt{\frac{1}{N}\sum_{i=1}^{n}(x_i - \overline{x})f_i}$$

예제 5

다음 표는 회사원들의 출근거리에 대한 도수분포표이다. 출근거리에 대한 분산과 표준편차를 구하여라.

거 리(km)	도수(f_i)
0이상 10미만	28
10이상 20미만	15
20이상 30미만	8
30이상 40미만	5
40이상 50미만	3
합계	59

풀이 먼저 산술평균을 구하면 $\overline{x} = 14.83$ 이다. 분산을 구하기 위하여 다음과 같이 표를 만들자.

계급값(x_i)	도수(f_i)	$x_i - \overline{x}$	$(x_i - \overline{x})^2$	$(x_i - \overline{x})^2 f_i$
5	28	-9.83	96.62	2705.36
15	15	0.17	0.03	0.45
25	8	10.17	103.43	827.44
35	5	20.17	406.83	2034.15
45	3	30.17	910.23	2730.69
합 계	59			8298.09

$$\text{분산} \quad s^2 = \frac{\sum (x_i - \overline{x})^2 f_i}{N} = \frac{8298.09}{59} = 140.65$$
$$\text{표준편차} \quad s = \sqrt{140.65} \approx 11.86$$

분산의 간편한 계산식은 다음과 같다.

$$s^2 = \frac{1}{N}\sum_{i=1}^{n} x_i^2 f_i - \overline{x}^2$$

지금까지 자료의 개수가 n일 때의 분산을 정의하였다. 자료가 모집단일 때의 분산을 모분산(population variance)이라 부르며 기호 σ^2으로 표기하고, 자료가 표본일 때의 분산을 표본분산(sample variance)이라 부르며 s^2으로 표기한다. 일반적으로 표본분산으로 $\frac{1}{n}\sum(x_i - \overline{x})^2$ 보다 $\frac{1}{n-1}\sum(x_i - \overline{x})^2$을 더 많이 사용하지만, 표본의 크기 n이 크면 다음과 같이 나타낼 수 있다.

$$\frac{1}{n}\sum(x_i - \overline{x})^2 \approx \frac{1}{n-1}\sum(x_i - \overline{x})^2$$

그러므로 $\frac{1}{n}\sum(x_i - \overline{x})^2$과 $\frac{1}{n-1}\sum(x_i - \overline{x})^2$중에서 어느 것을 사용해도 표본분산으로 큰 차이가 없다.

3.1.4 사분위편차

사분위편차(quantile deviation)는 총 도수를 4등분한 Q_1, Q_2, Q_3, Q_4에서 사분위편차 Q는 제 3사분위수와 제 1사분위수의 차를 2로 나눈 몫으로 정의한다.

■ 사분위편차

$$Q = \frac{Q_3 - Q_1}{2}$$

사분위편차의 특성

사분위편차는 범위보다는 분포의 측도에서 자세하다고 볼 수 있으나 관측치 전체의 상세한 분포 또는 변동관계를 기술하지 못하는 단점이 있다.

예제 6

2장의 예제 10에서 사분위편차를 구하라.

풀이 2장의 예제 13에서 $Q_3 = 44$, $Q_1 = 39.23$ 이므로 사분위편차는 다음과 같다.

$$Q = \frac{Q_3 - Q_1}{2} = \frac{44 - 39.23}{2} = 24.39$$

자료의 개수가 적을 때는 제 1사분위수와 제 3사분위수가 불안정하기 때문에 사분위편차는 산포도로서 부적당하다.

3.2 상대적 산포도

상대적 산포도란 관측단위가 서로 다르거나 대표값의 차이가 심할 때 집단간의 산포도의 값을 비교하기 위하여 이용되는데, 상대적 산포도에서는 변이계수, 사분위편차계수, 평균편차계수 등이 있다.

3.2.1 변이계수

변이계수(coefficient of variation)는 변동계수라고도 하며 피어슨(Karl Pearson)에 의해 고찰된 것으로 산술평균에 대한 표준편차의 비율로 정의되며 통상 백분율로 나타낸다.

■ 변이계수

$$\frac{s}{\bar{x}} \times 100(\%)$$

변이계수는 측정단위가 서로 다르거나 평균이 크게 다를 때, 집단 사이의 산포도를 비교하기 위해서 가장 많이 사용되는 상대적 산포도이다.

변이계수의 특성

① 변동계수의 제곱$(V_x)^2$을 **상대분산**(relative variance)이라 한다.
② 여러 다른 종류의 통계집단이나 동종의 집단일지라도 평균이 크게 다를 때 산포를 비교하기 위한 측도이다.

예제 7

남자직원과 여자직원의 임금을 조사하여 다음과 같은 결과를 얻었다. 남, 여 사이의 산포도 관계를 구하여라.

	임금평균	표준편차
남 자	2000000	30000
여 자	1300000	20000

풀이 남자직원의 변이계수$= \dfrac{30000}{2000000} \times 100 = 1.5\%$

여자직원의 변이계수$= \dfrac{20000}{1300000} \times 100 = 1.54\%$

이므로 여자직원의 산포도가 더 크다.

3.2.2 사분위편차계수

사분위편차가 절대값으로 표현되는 결함을 보완하기 위하여 사분위편차계수를 이용하기도 한다. 자료들의 사분위편차를 Q, 중앙값을 M_e라 할 때 자료값들의 **사분위편차계수**(coefficient of quartile deviation)를 다음과 같이 정의한다.

■ 사분위편차계수

$$\frac{Q}{M_e}\times 100 = \frac{\frac{Q_3 - Q_1}{2}}{M_e}\times 100 = \frac{Q_3 - Q_1}{Q_3 + Q_1}\times 100$$

3.2.3 평균편차계수

평균편차계수(coefficient of mean deviation)는 평균편차 MD를 산술평균 $\overline{x}$ 또는 중앙값 M_e로 나눈 값을 나타내는데 다음과 같이 정의한다.

■ 평균편차계수

$$\frac{MD}{\overline{x}}\times 100 \text{ 또는 } \frac{MD}{M_e}\times 100$$

3.3 적률

도수분포의 특징을 나타내는 데 사용하는 방법으로서 변수 x의 멱승(power)에 대한 기댓값을 **적률**(moment)이라 한다. 예를 들면 다음과 같다.

$$\frac{1}{n}\sum_{i=1}^{n} x_{i,}\ \ \frac{1}{n}\sum_{i=1}^{n} x_i^2,\ \ \frac{1}{n}\sum_{i=1}^{n} x_i^3,\ \ \ldots..$$

적률은 피어슨(K.Pearson)이 통계학에 처음 도입한 것으로 적률에는 원점에 관한 적률과 산술평균에 관한 적률이 있다.

자료를 $x_1, \ldots, x_n$이라 할 때 **원점에 관한 k차 적률**(the k-th moment about the zero)을 m_k로 표기하며 아래와 같이 정의한다.

■ 원점에 관한 k차 적률

$$m_k = \frac{1}{n}\sum_{i=1}^{n} x_i^k = \frac{x_1^k + x_2^k + \ldots + x_n^k}{n}$$

원점에 관한 적률의 성질

1. 원점에 관한 0차 적률은 1이다.
2. 원점에 관한 1차 적률은 산술평균이다.

산술평균에 관한 k차 적률(the k-th moment about the mean)을 μ_k로 나타내며 다음과 같이 정의한다.

■ 산술평균에 관한 k차 적률

$$\mu_k = \frac{1}{n}\sum_{i=1}^{n}(x_i - \overline{x})^k$$

산술평균에 관한 적률의 성질

1. 산술평균에 관한 0차 적률은 1이다.
2. 산술평균에 관한 1차 적률은 0이다.
3. 산술평균에 관한 2차 적률은 분산이다.
4. 산술평균에 관한 3차 적률은 왜도를 구하는데 이용된다.
5. 산술평균에 관한 4차 적률은 첨도를 구하는데 이용된다.

적률의 특성

① 자료 $x_1, x_2, \cdots, x_n$ 에서 원점(0)에 대한 1차적률(원점적률)은 산술평균이다.

$$0\text{에 대한 1차 적률} = \frac{\sum_{i=1}^{n}(x_i - 0)^1}{n} = \frac{\sum_{i=1}^{n}x_i}{n} = \overline{x}$$

② 자료 $x_1, x_{2,} \cdots, x_n$ 에서 산술평균에 대한 1차적률(중심적률)은 0이다.

$$\text{산술평균에 대한 1차적률} = \frac{\sum_{i=1}^{n}(x_i - \overline{x})^1}{n} = 0\left(\because \sum_{i=1}^{n}(x_i - \overline{x})^1 = 0\right)$$

③ 자료 $x_1, x_2, \cdots, x_n$ 에서 산술평균에 대한 2차적률은 분산이다.

$$\text{산술평균에 대한 2차적률} = \frac{\sum_{i=1}^{n}(x_i - \overline{x})^2}{n} = \sigma^2$$

④ 자료 $x_1, x_2, \cdots, x_n$ 에서 대칭분포인 경우 산술평균에 대한 홀수차적률은 0이다.

예제 8

자표 12, 17, 23, 45, 75의 산술평균에 관한 1차 적률과 2차 적률을 구하라.

풀이 산술평균은 다음과 같다.

$$\overline{x} = \frac{1}{n}\sum_{i=1}^{n} x_i = \frac{12+17+23+45+75}{5} = 34.4$$

산술평균에 관한 1차 적률은 다음과 같다.

$$\mu_1 = \frac{1}{n}\sum_{i=1}^{n}(x_i - \overline{x}) = 0$$

그러면 산술평균에 관한 2차 적률은 다음과 같다.

$$\mu_2 = \frac{1}{n}\sum_{i=1}^{n}(x_i - \overline{x})^2 = \frac{1}{n}\sum_{i=1}^{n}x_i^2 - \overline{x^2}$$

$$= \frac{12^2+17^2+23^2+45^2+75^2}{5} - 34.4^2 = 539.04$$

3.4 왜도 및 첨도

왜도(skewness)는 분포의 대칭이나 비대칭의 정도를 나타내는 측도이며 분포가 기울어진 방향과 그 정도를 나타낸다. 왜도를 α로 나타내며 다음과 같이 정의한다.

$$\alpha = \frac{\mu_3}{s^3}$$

여기서, μ_3는 평균에 관한 3차 적률이고 s는 표준편차이다. 이를 적률의 왜도라 하며 다시 정리하면 다음과 같다.

■ 적률의 왜도

$$\alpha = \frac{1}{n}\sum_{i=1}^{n}\frac{(x_i - \overline{x})^3}{s^3}$$

대칭인 분포에서 왜도는 0이 되고 긴 꼬리가 오른쪽으로 치우친 분포에서는 평균보다 매우 큰 값이 나타날 수 있고, 이 값의 세제곱이 영향을 크게 미쳐서 왜도는 양수로 나타난다. 반면에 긴 꼬리가 왼쪽으로 치우친 분포에서는 왜도는 음수로 나타난다. 또 왜도의 절대값이 크면 클수록 분포의 모양이 왼쪽 또는 오른쪽으로 더 기울어진다. 이것을 정리하면 다음과 같다.

■ 왜도의 특징

1. (정규분포와 t분포와 같은) 대칭분포에서 $\alpha = 0$이다.
2. 분포의 긴 꼬리가 오른쪽으로 치우친 비대칭 분포에서는 $\alpha > 0$이다.
3. 분포의 긴 꼬리가 왼쪽으로 치우친 비대칭 분포에서는 $\alpha < 0$이다.
4. $|\alpha|$의 값이 크면 클수록 비대칭의 정도가 커진다.

적률의 왜도 외에 피어슨의 왜도가 있는데 이는 다음과 같다.

피어슨의 왜도

$$\alpha = \frac{\text{평균} - \text{최빈값}}{\text{표준편차}} \fallingdotseq \frac{3(\text{평균} - \text{중앙값})}{\text{표준편차}}$$

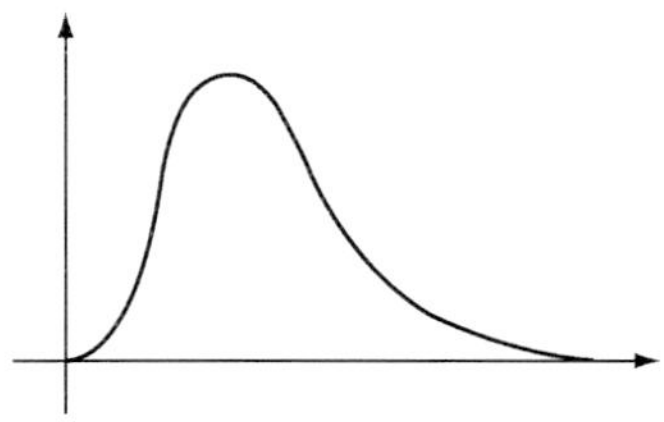

[그림 3.1] $\alpha > 0$

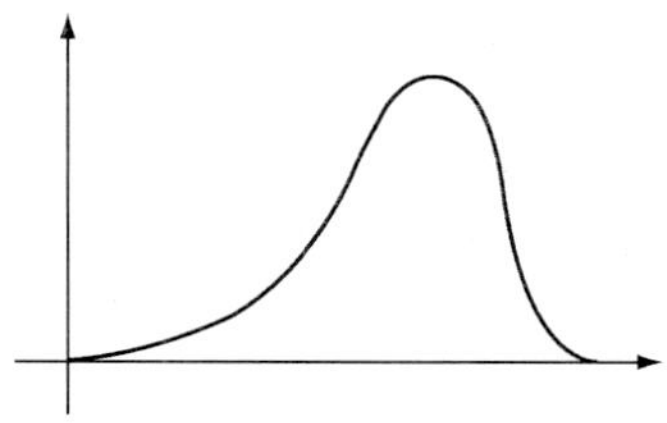

[그림 3.2] $\alpha < 0$

첨도(kurtosis)는 도수분포의 봉우리가 얼마나 뾰족한가를 관측하는 것으로첨도를 β라 하면 다음과 같이 정의된다.

$$\beta = \frac{\mu_4}{s^4}$$

여기서 μ_4는 평균에 관한 4차 적률, s는 표준편차이다. 이것은 다음과 같이 정리 할 수 있다.

■ 첨도

$$\beta = \frac{1}{n}\sum_{i=1}^{n}\frac{(x_i - \overline{x})^4}{s^4}$$

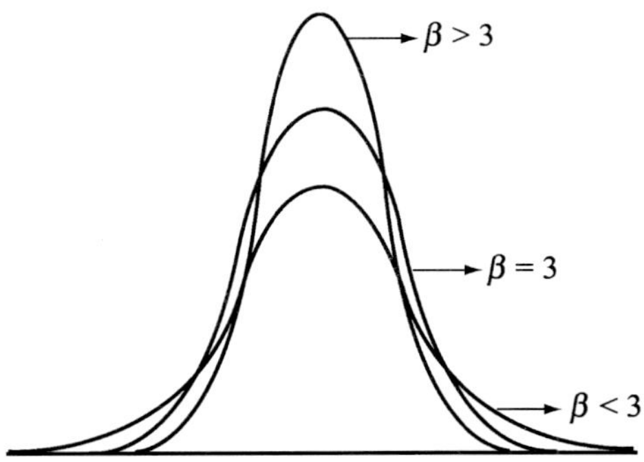

[그림 3.3] 중첨, 급첨, 완첨의 그래프

첨도의 특성

1. 정규분포에서 첨도는 3이다.
2. $\beta > 3$이면 정규본포보다 정점이 높고 뾰족하다.
3. $\beta < 3$이면 정규분포보다 정점이 낮고 뭉뚝한 모양이 된다.

예제 9

우리나라 주요도시의 6월 중 강우량을 조사한 결과 평균이 91.6mm, 중앙값은 86.3mm였다. 강우량의 표준편차가 1.5mm이라면 강우량의 분포에 대해 피어슨 왜도를 구하여라.

풀이 $\alpha = \dfrac{3(\overline{x} - M_e)}{s} = \dfrac{3(91.6 - 86.3)}{1.5} = 10.6$

예제 10

예제 8의 자료에 대해 왜도를 구하라.

풀이 $s^2 = \mu_2 = 539.04$ 이고 $\mu_3 = 10025.1$ 이므로 왜도는 다음과 같다.

$$\alpha = \frac{\mu_3}{s^3} = \frac{10025.1}{(\sqrt{539.04})^3} = 0.8$$

예제 11

예제 8의 자료에 대해 첨도를 구하라.

풀이 $s^2 = \mu_2 = 539.04$ 이고 다음을 얻는다.

$$\begin{aligned}\mu_4 &= \sum \frac{1}{n}(x_i - \overline{x})^4 \\ &= \frac{(12-34.4)^4 + (17-34.4)^4 + (23-34.4)^4 + (45-34.4)^4 + (75-34.4)^4}{5} \\ &= 618006\end{aligned}$$

따라서 첨도는 $\beta = \dfrac{\mu_4}{s^4} = \dfrac{618006}{539.04^2} = 2.13$ 이다.

3.5 상자그림과 5점 요약표시

3.5.1 상자그림

상자그림(box plot)은 줄기-잎-그림을 보완하여 도수분포표의 특성을 잘 보여주는 그림이다. 상자그림은 분포의 대칭성, 자료의 중심 위치, 산포의 정도, 특히 도수분포의 꼬리부분의 집중 정도를 파악하는데 유용하다. 주어진 자료들의 특성을 잘 나타내기 위해서 최대값, 최소값, 중앙값 및 사분위수를 이용하여 상자그림을 그린다. 상자그림의 위치에 따라 자료의 중심이 어디에 있는지를 한눈에 알아볼 수 있다.

상자그림을 작성하는 방법은 다음과 같다. 먼저, 제 1사분위수 Q_1과 제 3사분위수 Q_3사이를 중앙부분이라 생각하여 상자 형태로 나타내고 중앙값 M_e의 위치에 내부 수직선을 그린다. 제 1사분위수 Q_1보다 작거나 제 3사분위수 Q_3보다 큰 수는 손 발 부분으로 생각하여 제 3사분위수 Q_3를 나타내는 선에서 $Q_3+1.5(Q_3-Q_1)$을 넘지 않는 최대값까지 실선으로 연결한다. Q_1과 Q_3로부터 각각 좌우로 $1.5(Q_3-Q_1)$의 경계를 벗어나는 값을 극단적인 값으로 보아 각각의 값을 *로 표시하고 그 사이를 점선으로 연결한다. 이를 그림으로 나타내면 다음과 같다.

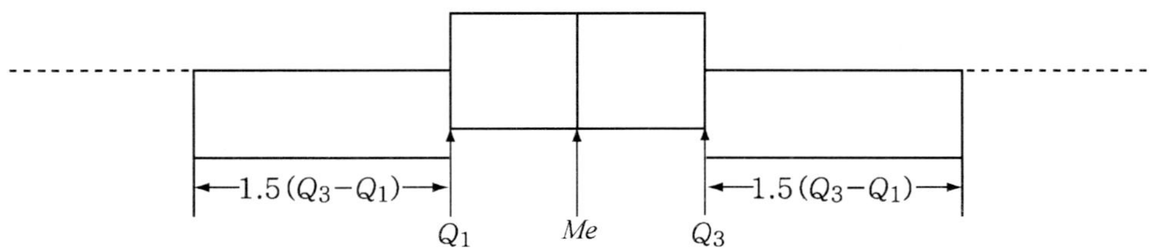

[그림 3.4] 상자그림

예제 12

8종류의 치즈의 단위 조각 당 염분함량(mg)이다. 중앙값이 325, 제1 사분위수는 292.5, 제 3 사분위수는 340, 최대값은 520, 최소값은 260일 때 상자그림을 그려라.

풀이

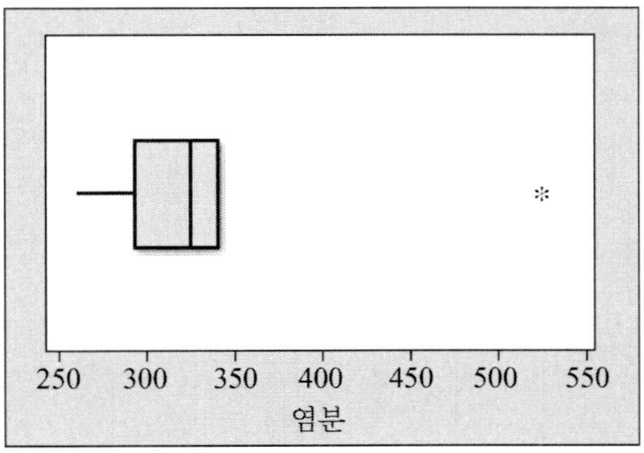

[그림 3.5] 상자그림

주어진 자료에 대한 상자그림은 자료의 중심이 왼쪽으로 치우쳐져 있음을 보여준다. ■

3.5.2 5점 요약표시

주어진 자료를 중앙값 M_e, 제 1사분위수 Q_1, 제 3사분위수 Q_3, 최소값 Min 및 최대값 Max의 다섯 개의 통계량 $[Min,\ Q_1,\ M_e,\ Q_3,\ Max]$으로 나타내는 방법을 5점 요약표시(5-number summary)라 하는데 이는 줄기-잎-그림과 함께 자료의 특성을 표시하는 중요한 표시방법이다.

연습문제

1. 한 학생이 6장의 편지를 타자하였다. 편지 한 장을 타자하는데 13분, 6분, 8분, 10분, 8분, 9분이 걸렸다. 평균편차와 범위를 구하여라.

2. 다음은 모 사관생도 중 9명을 임의로 추출하여 200m를 뛰는 데 소요되는 시간을 측정한 것이다. 분산과 표준편차를 구하여라.

(단위: 초)

32 37 27 32 34 29 28 23 30

3. 다음 자료를 이용하여 평균과 표준편차를 구하라.

계 급	도 수
1~5	2
6~10	5
11~15	2
16~20	1
합 계	10

4. 다음 도수분포표에서 평균편차를 구하라.

계 급	도 수
49~54	6
55~60	15
61~66	24
67~72	33
73~78	22
합 계	100

5. A그룹과 B그룹의 득점이 다음과 같다. 전체 7명의 평균과 분산을 구하여라.

	인 원	평 균	분 산
A	4	8	7
B	3	6	4

6. 다음 표를 보고 두 집단의 산포도를 비교하여라.

집단	표준편차	평균
A	30	200
B	20	120

7. 통계숫자 2, 4, 8, 10의 변이계수를 구하여라.

8. A={1, 2, 3, 4, 5}, B={2, 4, 6, 8, 10}, C={3, 6, 9, 12, 15}의 세 집단이 주어졌을 때 세 집단의 변이계수를 비교하라.

9. 변량 $x_1, x_2, \ldots, x_n$ 이 주어져 있다.

(1) 원점에 관한 1차 적률을 구하라.

(2) 산술평균 $\overline{x}$ 에 관한 2차 적률을 구하라.

10. 6명의 작업자에 대한 1일 동안의 불량품 수에 대한 자료가 다음과 같다. 평균에 대한 1차, 2차, 3차 적률을 구하여라.

작 업 자	1	2	3	4	5	6	합 계
불 량 수	14	16	18	20	25	27	120

11. 관측 자료값이 10, 11, 12, 13, 14일 때 피어슨왜도를 구하여라.

12. 연습문제10에서 왜도와 첨도를 구하여라.

13. 왜도 $\alpha < 0$이고 첨도 $\beta = 4$인 그래프를 설명하라.

14. 분산이 4이고 평균에 관한 4차 적률이 64인 분포곡선의 첨도를 구하라.

제4장 확률

■ **본장의 개요**

복권이 1등에 당첨될 것인가, 게임에서 승리할 것인가, 야구선수가 홈런을 칠 것인가 하는것들은 모두 그 결과가 고정되어 있는 것이 아니라 우연에 의해 영향을 받기 때문에 불확실하다. 또한 복권이나 게임처럼 표본자료를 수집하여 추론하는 결과 역시 모집단에 대하여 완벽하고 정확한 설명을 하지 못한다. 이러한 사건의 불확실성을 다루는 도구가 확률이다. 확률의 이론은 17세기 중엽 Pascal과 Fermat가 도박문제에 관한 의견을 수리적으로 다루기 시작한 이래 많은 학자들에 의하여 발전되었고 19세기에 이르러 Laplace에 의하여 고전적 의미로서의 확률론이 집대성되었고 20세기에 들어와서 Kolmogorov가 공리론적인 방법을 제시함으로서 체계화의 길을 열었다.

4.1 사상

통계적 확률 실험에 의하여 일어날 수 있는 모든 가능한 결과들의 집합(set)을 **표본공간**(sample space)이라 하고, 표본공간의 부분집합(subset)을 **사상**(event)이라 한다. 그리고 표본공간을 구성하고 있는 개개의 원소를 **표본점**(sample point)이라 한다.

특수한 사상으로 다음과 같은 것들이 있다.

① 근원사상 또는 단순사상 (elementary event 또는 simple event) : 표본공간의 오직 한 원소만으로 이루어진 사상

② 전사상(total event) : 표본공간의 모든 원소를 포함하고 있는 사상

③ 공사상(null event) : 표본점을 하나도 포함하지 않은 사상

④ 복합사상(compound event) : 근원사상의 합으로 표시되는 사상

⑤ 배반사상(mutually exclusive event) : 두 사상이 동시에 일어날 수 없는 사상
즉, $A \cap B = \varnothing$ 인 사상

⑥ 여사상(complement) : 표본공간 S의 사상 A에 속하지 않은 S의 모든 원소들의 집합으로서 A^C 또는 $\overline{A}$로 표시한다.

$$P(A^{C)} = 1 - P(A) P(A) + P(A^{C)} = P(S)$$

⑦ A와 B의 합사상(union event) : A 또는 B가 적어도 어느 한쪽이 일어난다고 하는 사상

$$A \cup B = \{x | x \in A \text{ or } x \in B\}$$

⑧ A와 B의 곱사상(intersection event) : A, B 양쪽이 함께 일어나는 사상

$$A \cap B = \{x | x \in A \text{ and } x \in B\}$$

4.2 순열과 조합

4.2.1 합의 법칙과 곱의 법칙

같은 조건에서 몇 번이고 반복할 수 있는 실험이나 관찰에 의하여 발생하는 결과를 **사건**이라 하고, 사건의 가지 수를 **경우의 수**라 한다.

먼저 기본적인 셈 법칙인 합의 법칙과 곱의 법칙을 알아보자.

예제 1

서로 다른 두 개의 주사위를 던져 나온 눈의 수의 합이 3 또는 4가 되는 경우의 수를 구하라.

풀이 합이 3이 되는 경우는 $(1,2)$, $(2,1)$ 의 두 가지이고 4가 되는 경우는 $(1,3)$, $(2,2)$, $(3,1)$의 세 가지이다. 따라서 합이 3또는 4가 되는 경우의 수는 $2+3=5$가지이다. ■

예제 2

3개의 상자 A, B, C에 1에서 6까지의 숫자가 적힌 카드가 각각 6장씩 들어있다. 이 상자 A, B, C에서 꺼낸 카드에 적힌 숫자를 각각 a, b, c라 할 때, $a \times b \times c$가 홀수가 되는 경우의 수를 구하여라.

풀이 1에서 6까지의 수 중 에서 홀수는 1, 3, 5로 세 개다. 또 $a \times b \times c$가 홀수이려면 a도 홀수, b도 홀수, c도 홀수인 사건이 함께 일어나야 한다. 따라서 경우의 수는 $3 \times 3 \times 3 = 27$가지이다.

예제 1, 2를 일반화하면 합의 법칙과 곱의 법칙을 다음과 같이 정리할 수 있다.

■ 합의 법칙과 곱의 법칙

- 합의 법칙(rule of sum) : 두 사건 A, B가 동시에 일어나지 않을 때, 사건 A, B가 일어나는 경우의 수가 각각 m, n이면, 사건 A 또는 사건 B가 일어나는 경우의 수는 $m + n$이다.
- 곱의 법칙(rule of product) : 두 사건 A, B에 대하여 사건 A가 일어나는 경우의 수가 m이고, 그 각각에 대하여 사건 B가 일어나는 경우의 수가 n일 때, 두 사건 A, B가 연이어 일어나는 경우의 수는 $m \times n$이다.

예제 3

다음 그림과 같은 도로망에서 A에서 B로 가는 경우의 수를 구하여라.

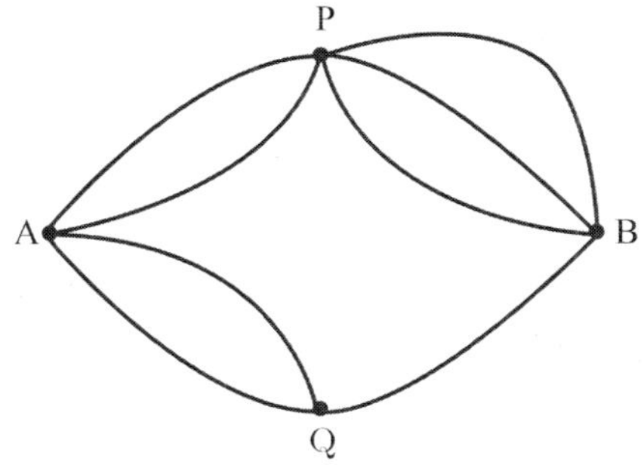

풀이 A에서 P를 거쳐 B로 가는 방법은 $2 \times 3 = 6$가지, Q를 거쳐 가는 방법은 $2 \times 1 = 2$가이므로 총 8가지이다.

4.2.2 순열

서로 다른 원소 n개로 이루어진 집합으로부터 r개를 선택해서 일렬로 나열하는 것을 **순열**(permutation)이라 하며, 이 순열의 총 가짓수를 $_nP_r$로 나타낸다. 순열의 수는 곱의 법칙에 의하여 다음과 같이 구한다.

> **순열**
>
> $$_nP_r = n\times(n-1)\times\ldots\times(n-r+1) = \frac{n!}{(n-r)!}$$

또한, 순열에서는 $_n\mathrm{P}_n = n!$, $0! = 1$, $_n\mathrm{P}_0 = 1$이 성립한다.

예제 4

10명의 야구 선수 중에서 1루수, 2루수, 3루수를 한명씩 선발하는 경우의 수를 구하라.

풀이 구하는 것은 서로 다른 10개 중에서 3개를 선택하여 순서 있게 배열하는 방법의 수 이므로 $_{10}P_3 = 10\times9\times8 = 720$가지이다.

■

(1) 복수순열

n개의 원소 중에서 같은 것이 몇 개 포함되어 있을 때 n개를 순서있게 일렬로 늘어 놓는 것을 복수순열이라 하며 이것은 다음과 같이 구한다.

> **복수순열**
>
> n개의 원소 중에서 x개, y개, z개가 각각 서로 같고 나머지는 서로 다를 때(단, $x+y+z \le n$), n개를 모두 일렬로 늘어놓는 순열의 수는 다음과 같다.
>
> $$\frac{n!}{x!y!z!}$$

예제 5

1, 1, 1, 2, 2, 3을 일렬로 늘어놓아 만들 수 있는 6자리 정수의 개수를 구하라.

풀이 $\dfrac{6!}{3!2!1!} = \dfrac{6\times5\times4\times3!}{3!\times2!} = 60$가지

(2) 중복순열

서로 다른 n개에서 중복을 허락하여 r개를 뽑아 한 줄로 배열하는 순열을 n개에서 r개를 뽑는 **중복순열**이라 하고, 총 가짓수를 ${}_n\Pi_r$로 나타낸다. 이때 다음이 성립한다.

> **중복순열**
>
> 서로 다른 n개에서 r개를 뽑는 중복순열의 총 가짓수는 다음과 같다.
>
> $${}_n\Pi_r = n^r$$

예제 6

파랑, 흰색, 빨강의 3가지 깃발을 5번 들어서 만들 수 있는 신호의 수를 구하라.

풀이 구하는 총 가짓수는 서로 다른 세 깃발에서 중복을 허락하여 5개를 뽑아 한 줄로 나열하는 방법의 수와 같으므로 3개에서 5개를 뽑는 중복순열과 같다. 즉 ${}_3\Pi_5 = 3^5 = 243$이다.

(3) 원순열

n개의 서로 다른 원소들을 원형으로 배열하는 순열을 원순열이라 한다. 원순열에서는 회전하여 겹쳐지는 것은 모두 같은 배열로 생각한다.

예제 7

부모와 아이 3명 모두 5명이 원탁에 둘러앉는 경우의 수를 구하라.

풀이 다섯 명을 한 줄로 배열하는 방법은 5! 이고 이들을 원탁에 앉힌다면 5가지가 회전하며 겹치기 때문에 같은 경우로 보아야 한다. 그러므로 구하려는 경우의 수는 $\dfrac{5!}{5} = 4! = 24$이다.

일반적으로 다음이 성립한다.

원순열

1. 원형으로 배열하는 총 가짓수 : $\frac{n!}{n} = (n-1)!$
2. 원형으로 늘어놓고 뒤집어 놓을 수 있는 총 가짓수 : $\frac{(n-1)!}{2}$

4.2.3 조합

서로 다른 n개의 원소로부터 순서를 생각하지 않고 r개를 택하는 것을 **조합**(combination)이라 하고, 조합의 총 가짓수를 ${}_nC_r$ 또는 $\binom{n}{r}$로 나타내며 다음과 같이 구한다.

조합

$$\binom{n}{r} = \frac{{}_nP_r}{r!} = \frac{n!}{(n-r)!r!} \quad (\text{단, } 0 \leq r \leq n)$$

예제 8

10명의 학생 중에서 임원 3명을 뽑으려고 한다. 뽑을 수 있는 방법의 총 가짓수를 구하라.

풀이 10명 중에서 3명을 뽑는 방법의 총 가짓수는 다음과 같다.

$${}_{10}C_3 = \frac{10 \cdot 9 \cdot 8}{3 \cdot 2 \cdot 1} = 120$$

■

예제 9

어느 동호회는 남자 10명과 여자 8명으로 구성되어 있다. 이 중에서 남자 3명과 여자 1명을 뽑는 방법의 총 가짓수를 구하라.

풀이 남자 10명 중에서 3명을 뽑는 방법은 ${}_{10}C_3$이고 여자 8명 중에서 1명을 뽑는 방법은 ${}_8C_1$이므로, 곱의 법칙에 의하여 구하는 총 가짓수는

$${}_{10}C_3 \times {}_8C_1 = \frac{10 \cdot 9 \cdot 8}{3 \cdot 2} \times 8 = 960 \text{이다.}$$

(1) 중복조합

n개의 서로 다른 원소로부터 중복을 허락하여 r개를 선택하는 것을 중복조합이라 하고 ${}_nH_r$로 나타낸다.

예제 10

세 개의 숫자 1, 2, 3에서 중복을 허락하여 두 개를 뽑는 방법의 총 가짓수를 구하라.

풀이 세 개의 숫자 1, 2, 3 중에서 중복을 허락하여 2개의 숫자를 택하는 경우를 순서쌍으로 나타내보면 (1, 1), (1, 2), (1, 3), (2, 2), (2, 3), (3, 3)이다.
여기서 이들 각 조합의 두 번째 숫자에 1을 더하여 만든 순서쌍들은

(1, 2), (1, 3), (1, 4), (2, 3), (2, 4), (3, 4)

이다. 즉

(1, 1)	(1, 2)	(1, 3)	(2, 2)	(2, 3)	(3, 3)
↓ +1	↓ +1	↓ +1	↓ +1	↓ +1	↓ +1
(1, 2)	(1, 3)	(1, 4)	(2, 3)	(2, 4)	(3, 4)

그런데 이들은 4개의 숫자 1, 2, 3, 4에서 중복을 허락하지 않고 두 개의 숫자를 택하는 조합의 수 ${}_4C_2$와 같다. 그러므로 구하려는 경우의 수는 ${}_3H_2 = {}_{3+2-1}C_2 = {}_4C_2 = 6$이다.

이 예제의 개념을 일반화하면 다음과 같은 중복조합의 공식을 얻는다.

중복조합

서로 다른 n개의 원소로부터 중복을 허락하여 r개를 선택하는 중복조합 ${}_nH_r$은 서로 다른 $n+r-1$개의 원소로부터 중복을 허락하지 않으면서 r개를 선택하는 방법의 수

${}_{n+r-1}C_r$과 같다. 즉 다음과 같다.

$${}_nH_r = {}_{n+r-1}C_r$$

4.3 확률의 정의

어떤 사상 A가 일어날 것이라는 믿음의 척도를 그 사상 A의 **확률**이라 하고 상대도수의 개념으로 쉽게 설명할 수 있다. 어떤 시행을 n번 반복하였을 때 사상 A가 r번 일어나면 값 $\frac{r}{n}$을 사상 A의 상대도수라고 한다. 그리고 n을 충분히 크게 하면, 이 상대도수는 일정한 값 p에 가까워진다. 이 일정한 값 p를 사상 A가 일어날 확률 또는 간단히 사상 A의 확률이라 하고, 기호 $P(A)$로 나타낸다.

표 4.1은 10원짜리 동전을 던졌을 때 앞면이 나타날 확률을 구하기 위하여, 10원짜리 동전을 던져서 나온 상대도수를 조사한 것이다.

[표 4.1] 10원짜리 동전 던지기

던진 횟수	50	200	500	1000	2000	5000	10000
앞면이 나온 횟수	24	105	251	510	1006	2520	5010
상대도수	0.48	0.525	0.502	0.51	0.503	0.504	0.501

위의 표에 의하면 앞면이 나타난 상대도수는 대략 $\frac{1}{2} = 0.5$에 가까워짐을 알 수 있다. 이와 같이 같은 조건 아래에서 많은 횟수의 시행을 반복할 때 어떤 사상 A가 일어날 상대도수가 일정한 값에 가까워지면, 이 일정한 값을 사상 A가 일어날 확률이라고 한다. 따라서 10원짜리 동전을 던질 때 앞면이 나타날 확률은 0.5라고 할 수 있다.

각각의 단순사상이 일어날 가능성이 같은 경우에 라플라스는 다음과 같이 확률을 정의하였다.

■ 고전적 확률

어떤 시행에서 표본공간 Ω의 원소의 개수를 $n(\Omega)$로 나타내고, 각 단순사상이 일어날 가능성이 같은 경우에 사상 A에 속하는 단순사상의 개수를 $n(A)$라고 하면 사상 A가 일어날 확률은 다음과 같다.

$$P(A) = \frac{n(A)}{n(\Omega)}$$

예제 11

빨강 카드 3개와 노랑 카드 2개가 들어 있는 상자에서 카드 2개를 뽑을 때, 빨강 카드 1개와 노랑 카드 1개가 나올 확률을 구하라. 단, 상자 안에 들어 있는 모든 카드의 모양과 크기는 서로 같다.

풀이 빨강 카드를 r_1, r_2, r_3라 하고, 노랑 카드를 y_1, y_2라 하면 표본공간을 다음과 같이 나타낼 수 있다.

$$\{(r_1, r_2), (r_1, r_3), (r_1, y_1), (r_1, y_2), (r_2, r_3), (r_2, y_1), (r_2, y_2), (r_3, y_1), (r_3, y_2), (y_1, y_2)\}$$

또, 빨강 카드 1개와 노랑 카드 1개가 나오는 사상 A는 다음과 같다.

$$A = \{(r_1, y_1), (r_1, y_2), (r_2, y_1), (r_2, y_2), (r_3, y_1), (r_3, y_2)\}$$

이 경우에 어떤 2개의 카드가 뽑힐 가능성은 모두 같다그 할 수 있으므로 다음을 얻는다.

$$P(A) = \frac{6}{10} = \frac{3}{5}$$

만약 이후의 논의에서 '동전을 던질 때', '주사위를 던질 때' 또는 '52장의 트럼프 카드에서 뽑은'이라는 용어를 사용한다면 동전의 각 면, 주사위의 각 면이나 52장의 트럼프 카드 안에 있는 각 카드가 뽑히는 확률은 동일하다고 가정한다. ■

예제 12

주사위 한 개를 2번 던질 때, 나오는 눈의 수의 합이 4일 사상을 A라 할 때 A의 확률을 구하라.

풀이 표본공간은 다음과 같다.

$$\begin{Bmatrix} (1,1), & (1,2), & \cdots & ,(1,6) \\ (2,1), & (2,2), & \cdots & ,(2,6) \\ \vdots & \vdots & \cdots & \vdots \\ (6,1), & (6,2), & \cdots & ,(6,6) \end{Bmatrix}$$

여기에서 눈의 합이 4인 사상은 $A=\{(1,3),(2,2),(3,1)\}$ 이다. 그러므로 구하려는 확률은 $P(A)=\frac{3}{36}=\frac{1}{12}$ 이다.

예제 13

다섯 개의 숫자 1,2,3,4,5 에서 중복을 허락하여 3자리 정수를 만들 때, 그 수가 짝수일 확률을 구하라.

풀이 1,2,3,4,5 다섯 개의 숫자에서 중복을 허락하여 만들 수 있는 세 자리 정수의 개수는 ${}_5\Pi_3=5^3$ 이고 이 중 짝수는 일의 자리가 짝수이어야 하므로 ${}_5\Pi_2\times 2=5^2\times 2$ 개다. 그러므로 구하려는 확률은 $\frac{5^2\times 2}{5^3}=\frac{2}{5}$ 이다.

앞에서 학습한 고전적 확률의 개념으로 설명할 수 없는 현상들이 많이 있다. 예를 들어 동전을 한번 던졌을 때 앞면이 한번 나올 확률이 $\frac{1}{2}$ 이라는 말은 무슨 뜻일까? 동전을 두 번 던져서 정확히 한 번은 앞면이 나온다는 말은 아니다. 또한 동전을 열 번 던져서 정확히 다섯 번이 앞면이 나온다는 말도 아니다.이것은 동전을 무수히 많이 반복하여 던졌을 때 앞면이 나오는 횟수의 비율, 즉 앞면이 나오는 사상의 상대도수의 극한값을 의미한다. 따라서 상대도수의 극한적 개념으로 정의된 확률은 당연히 상대도수가 갖는 기본성질을 가져야 하는데, 이러한 요구조건을 충족하면서 공리적으로 정의된 확률이 콜모고로프(Kolmogorov)에 의하여 제안되었다.

공리적 확률

1. 표본공간 Ω의 임의의 사상 A에 대하여 $0\le P(A)\le 1$ 이다.
2. 표본공간 Ω에 대하여 $P(\Omega)=1$ 이다.
3. 서로 배반인 사상 $A_1, A_2, \ldots.$ 에 대하여 $P(A_1\cup A_2\cup\ldots)=P(A_1)+P(A_2)+\ldots..$ 이다. 위의 공리 1, 2, 3을 만족할 때, $P(A)$를 사상 A의 확률이라 한다.

확률의 공리적 정의로부터 다음과 같은 성질들이 유도된다.

확률의 성질

1. $P(\varnothing)=0$
2. $P(A^C)=1-P(A)$
3. 표본공간 Ω의 임의의 사상 A와 B에 대해 다음이 성립한다.

$$P(A\cup B)=P(A)+P(B)-P(A\cap B)$$

4. 서로 배반인 사상 $A_1, A_2, \ldots, A_n$에 대해 다음이 성립한다.

$$P(A_1\cup A_2\cup\ldots\cup A_n)=P(A_1)+P(A_2)+\ldots\ldots+P(A_n)$$

예제 14

흰 공 4개, 붉은 공 2개, 검은 공 3개가 들어 있는 주머니에서 2개의 공을 꺼낼 때, 2개 모두 같은 색이 나올 확률을 구하라.

풀이 둘 다 흰 공이 나오는 사상을 A, 둘 다 붉은 공이 나올 사상을 B, 둘 다 검은 공이 나올 사상을 C라 하자. 9개의 공 중 에서 2개를 꺼내는 경우의 수는 ${}_9C_2$가지이므로

$$P(A)=\frac{{}_4C_2}{{}_9C_2},\ P(B)=\frac{{}_2C_2}{{}_9C_2},\ P(C)=\frac{{}_3C_2}{{}_9C_2}$$

이다. 그런데 A, B, C는 배반사상이므로 구하려는 확률은

$$P(A\cup B\cup C)=P(A)+P(B)+P(C)=\frac{5}{18}\text{ 이다.}$$

■

예제 15

주머니에 1에서 50까지의 숫자가 적힌 50장의 카드가 들어 있다 주머니에서 카드 1장을 꺼낼 때, 3의 배수이거나 4의 배수가 적힌 카드가 나올 확률을 구하라.

풀이 3의 배수가 적힌 카드가 나올 사상을 A, 4의 배수가 적힌 카드가 나올 사상을 B라 하면 3의 배수이며 4의 배수가 적힌 카드가 나올 사상은 12의 배수가 적힌 카드가 나올 사상과

같으므로 $n(A)=16$, $n(B)=12$, $n(A\cap B)=4$이므로 구하려는 확률은

$P(A\cup B)=P(A)+P(B)-P(A\cap B)=\frac{16}{50}+\frac{12}{50}-\frac{4}{50}=\frac{16}{25}$ 이다.

예제 16

20개의 제비 중에 5개의 당첨 제비가 들어있다. 이 중에서 2개의 제비를 뽑을 때 적어도 1개가 당첨 제비일 확률을 구하라.

풀이 적어도 1개가 당첨 제비일 사상은 2개 모두 당첨 제비가 아닐 사건의 여사건이므로 2개 모두 당첨제비가 아닐 사상을 A라 하면 $P(A)=\frac{{}_{15}C_2}{{}_{20}C_2}=\frac{21}{38}$ 이므로 구하려는 확률은 $P(A^c)=1-P(A)=1-\frac{21}{38}=\frac{17}{38}$ 이다.

4.4 조건부 확률

표본공간 S에서 임의의 두 사상 A, B가 주어지고 $P(A)>0$일 때 사상 A가 일어났을 때 사상 B가 일어날 확률을 **조건부 확률**(conditional probability)이라 하고 이를 $P(B|A)$로 나타낸다. 이때 A는 새로운 표본공간의 역할을 하고 $P(B|A)$는 $P(A)$에 대한 $P(A\cap B)$의 비로써 정의한다. $P(A)$는 주어진 사상 A가 일어날 확률이고 $P(A\cap B)$는 주어진 사상 A와 제기된 사상 B가 동시에 일어날 확률이다.

조건부 확률

사상 A가 일어났을 때, 사상 B의 조건부 확률 $P(B|A)$는 다음과 같이 정의한다.

$$P(B|A)=\frac{P(A\cap B)}{P(A)}\ (\text{단}, P(A)>0)$$

마찬가지로 사상 B가 일어났을 때, 사상 A의 조건부 확률 $P(A|B)$를 다음과 같이 정의한다.

$$P(A\mid B)=\frac{P(A\cap B)}{P(B)}$$

예제 17

한 개의 주사위를 던져서 짝수의 눈이 나올 때, 그것이 소수일 확률을 구하라.

풀이 우선 표본공간은 $\{1,\ 2,\ 3,\ 4,\ 5,\ 6\}$이다.

짝수의 눈이 나오는 사상을 A, 소수의 눈이 나오는 사건을 B라 하면

$A=\{2,\ 4,\ 6\}$, $B=\{2,\ 3,\ 5\}$, $A\cap B=\{2\}$이므로

$P(A)=\frac{3}{6}=\frac{1}{2}$, $P(B)=\frac{3}{6}=\frac{1}{2}$, $P(A\cap B)=\frac{1}{6}$이다.

그러므로 구하려는 확률은 $P(B\mid A)=\frac{P(A\cap B)}{P(A)}=\frac{\frac{1}{6}}{\frac{1}{2}}=\frac{1}{3}$이다.

확률의 곱셈법칙

$$P(A\cap B)=P(A)\cdot P(B\mid A)=P(B)\cdot P(A\mid B)$$

예제 18

어느 학교에서 혈액형을 조사하였더니 O형인 학생이 40%였고, 그 중 60%는 여학생이었다. 이 학교에서 임의로 한 학생을 뽑았을 때 그 학생이 O형인 여학생일 확률을 구하라.

풀이 O형인 학생일 사상을 A, 여학생일 사상을 B라 하자. O형인 학생일 확률이 40%이므로 $P(A)=0.4$이고 O형인 학생 중 60%가 여학생 이므로 $P(B\mid A)=0.6$이다. 그러므로 구하려는 확률은 $P(A\cap B)=P(A)P(B\mid A)=0.4\times 0.6=0.24$이다.

예제 19

상자 안에 불량품 2개를 포함한 제품이 12개 들어 있다. 여기서 1개씩 차례로 2개를 추출할 때 처음 1개는 불량품, 나중 1개는 양호품이 나올 확률을 구하라. 비복원추출과 복원추

출의 경우로 나누어서 구하라.

풀이 첫 번째 꺼낸 제품이 불량품일 사상을 A, 두 번째 꺼낸 제품이 양호품일 사상을 B라 하자.

(1) 비복원추출의 경우 : 추출된 것은 되돌려 넣지 않고 추출해 나가는 방법이다. 처음에 불량품이 나올 확률은 $P(A)=\frac{2}{12}$ 이다.

사상 A가 일어났다면, 상자 안에는 11개의 제품이 있고 그 중에서 1개가 불량품이다. 그러므로 11개의 제품 중에서 양호품이 나올 확률은 $P(B|A)=\frac{10}{11}$ 이다. 따라서 다음을 얻는다. 그러므로 비복원 추출인 경우 구하려는 확률은

$P(A\cap B)=P(A)P(B|A)=\frac{2}{12}\times\frac{10}{11}=\frac{5}{33}$ 이다.

(2) 복원추출의 경우 : 추출된 것을 되돌려 넣고 추출하는 방법이다. 처음에 불량품이 나올 확률은 $P(A)=\frac{2}{12}$, 나중에 양호품이 나올 확률은 $P(B|A)=P(B)=\frac{10}{12}$ 이다. 따라서 구하려는 확률은

$$P(A\cap B)=P(A)P(B|A)=P(A)\cdot P(B)=\frac{2}{12}\times\frac{10}{12}=\frac{5}{36}$$

이다.

사상 A가 일어나든지 안 일어나든지 사상 B가 일어날 확률에 어떠한 영향도 주지 않을 때 즉,

$$P(B|A)=P(B)$$

일 때, 사상 A와 사상 B는 **서로 독립**(mutually independent)이라고 한다.

따라서 두 사상 A와 B가 서로 독립일 때 조건부 확률의 정의로부터 다음이 성립함을 알 수 있다.

$$P(B)=\frac{P(A\cap B)}{P(A)}$$

즉, $P(A\cap B)=P(A)P(B)$ 이다.

또한 $P(A)>0$, $P(B)>0$ 이면 곱셈법칙에 의해서 서로 독립인 사상 A와 B에 대하여 다음이 성립한다.

$$P(A)P(B)=P(A\cap B)=P(A|B)P(B)$$

즉, $P(A|B)=P(A)$ 가 성립한다.

> **독립사상**
>
> 사상 A와 사상 B가 독립일 때 다음이 성립한다.
>
> $$P(A \cap B) = P(A) \cdot P(B), \quad P(A \mid B) = P(A), \quad P(B \mid A) = P(B)$$

두 사상 A와 B가 독립이 아닐 때, 즉 사상 A의 발생 여부에 따라서 사상 B가 일어날 확률이 달라질 때, 사상 B는 사상 A에 종속한다고 하며 사상 B를 사상 A의 **종속사상**(dependent event)이라 한다.

예제 20

어떤 시험에서 A, B, C가 합격할 확률이 각각 $\frac{1}{4}, \frac{1}{2}, \frac{3}{4}$일 때, 3명 모두 합격할 확률을 구하라.

풀이 각각이 합격하는 사상은 서로 독립이므로 세 명이 모두 합격할 확률은 $P(A \cap B \cap C) = P(A)P(B)P(C) = \frac{1}{4} \times \frac{1}{2} \times \frac{3}{4} = \frac{3}{32}$ 이다. ■

예제 21

동전을 2번 던졌을 때 2번 모두 앞면이 나올 확률을 구하라.

풀이 첫 번째 던진 동전이 앞면인 사상을 A, 두 번째 던진 동전이 앞면인 사상을 B라 하자. 동전 1번 던졌을 때 앞면이 나올 확률은 $\frac{1}{2}$이고 동전을 다시 한 번 던져서 앞면이 나올 확률도 $\frac{1}{2}$이다. 즉 $P(A) = \frac{1}{2}$, $P(B) = \frac{1}{2}$.

두 사상 A, B는 독립이므로 2번 모두 홀수의 눈이 나올 확률은 다음과 같다.

$$P(A \cap B) = P(A) \cdot P(B) = \frac{1}{2} \cdot \frac{1}{2} = \frac{1}{4}$$

■

4.5 베이즈 정리

조건부 확률은 어떤 부가적인 정보가 주어졌을 때의 확률뿐 아니라 조건이 주어지지 않은 경우의 확률 계산에도 유용하게 사용된다. 이 절에서는 조건부 확률의 응용에 관하여 다루기로 한다. 우선 표본공간 Ω의 **분할**(partition)의 정의를 살펴보자. 공사상이 아닌 표본공간 Ω에 대하여 다음 조건을 만족시키는 사상 $A_1, \ldots, A_n$을 Ω의 분할이라 한다.

$$(1)\ A_i \neq \varnothing,\ 1 \leq i \leq n$$
$$(2)\ \Omega = \bigcup_{i=1}^{n} A_i$$
$$(3)\ A_i \cap A_j = \varnothing,\ i \neq j$$

사상 $A_1, \ldots, A_n$은 표본공간 Ω의 분할이고, 조건부 확률 $P(B \mid A_1), \ldots, P(B \mid A_n)$뿐만 아니라 $P(A_1), \ldots, P(A_n)$의 확률을 알고 있을 때 $P(A_k \mid B)$와 같은 조건부 확률을 구하는데 관심을 갖고 있다. 주어진 조건으로부터 $P(A_k \mid B)$에 대한 공식은 다음과 같다.

$$P(A_k \mid B) = \frac{P(B \cap A_k)}{P(B)}$$

B는 서로 배반인 사상 $B \cap A_1, B \cap A_2, \ldots, B \cap A_n$의 합사상으로 다음이 성립한다.

$$P(B) = P(B \cap A_1) + \ldots.. + P(B \cap A_n)$$

등호의 우변에 있는 각 항을

$$P(B \cap A_i) = P(A_i)P(B \mid A_i)$$

로 표시할 수 있으므로 다음과 같은 **베이즈의 정리**(Bayes' theorem)를 얻는다.

$$P(A_k \mid B) = P(B \cap A_k)/P(B)$$

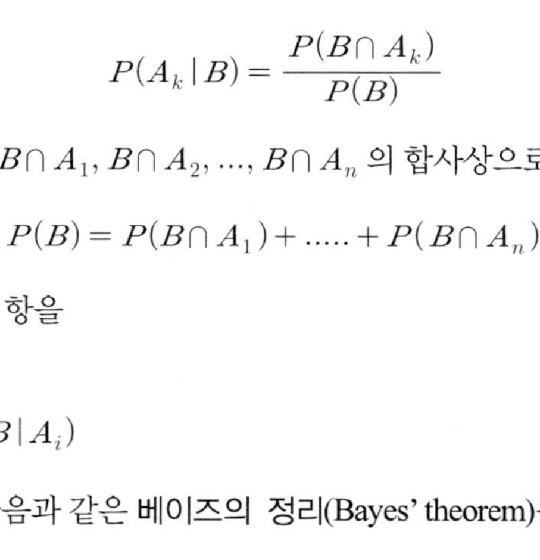

[그림 4.1] 분할

■ 베이즈의 정리

사상 $A_1, \ldots, A_n$이 표본공간 Ω의 분할이고 $P(A_k) > 0$이고 $P(B) > 0$일 때, 다음이 성립한다.

$$P(A_k \mid B) = \frac{P(A_k)P(B \mid A_k)}{\sum_{i=1}^{n} P(A_i)P(B \mid A_i)}$$

베이즈의 정리에서 확률 $P(A_1), \ldots, P(A_n)$을 **사전확률**(prior probability)이라 하고 조건부 확률 $P(A_1 \mid B), \ldots, P(A_n \mid B)$을 **사후확률**(posterior probability)이라 한다.

예제 22

두 대의 기계 A, B를 가지고 있는 공장에서 생산되는 전체 제품 중 40%의 제품은 A 기계에서, 60%의 제품은 B 기계에서 만들어지고 있다. 그 제품 중에서 각각 4%, 3%가 불량품이다. 이 공장에서 생산된 제품 중 1개의 제품을 뽑았을 때 불량품이었다. 이 제품이 A 기계에서 생산된 제품일 확률을 구하라.

풀이 E를 불량품을 뽑을 사상이라 하고 A를 기계 A에서 제품이 뽑힐 사상, B를 기계 B에서 제품이 뽑힐 사상이라 할 때, 주어진 조건을 정리해 보면
$P(A) = 0.4,\ P(B) = 0.6,\ P(E \mid A) = 00.4, P(E \mid B) = 0.03$임을 알 수 있다. 그러므로 베이즈의 정리에 의해 불량품이 A에서 나왔을 확률은

$$P(A \mid E) = \frac{P(A)P(E \mid A)}{P(A)P(E \mid A) + P(B)P(E \mid B)} = \frac{0.4 \times 0.04}{0.4 \times 0.04 + 0.6 \times 0.03} = \frac{8}{17}$$

이다.

예제 23

상자 A에는 검은 공이 3개 흰 공이 2개, 상자 B에는 검은 공 4개 흰 공 1개가 들어있을 때 두 상자에서 임의로 한 상자를 택하고 그 상자에서 2개의 공을 임의로 꺼냈더니 둘 다 흰 공이었다. 택해진 상자가 A였을 확률을 구하라. 단 상자 A가 택해질 확률은 $\frac{1}{3}$, 상자 B가 택해질 확률은 $\frac{2}{3}$이다.

풀이 2개의 구슬이 모두 흰 공일 사상을 W라 하고, 상자 A가 선택될 사상을 A, 상자 B가 선택될 사상을 B라 하자. 그러면 $P(A)=\frac{1}{3}$, $P(B)=\frac{2}{3}$ 이고, 상자 A에서 두 개 모두 흰 공이 나올 확률은 $P(W|A)=\frac{2}{5}$, 상자 B에서 두 개 모두 흰 공이 나올 확률은 $P(W|B)=\frac{1}{5}$ 이다. 또 A와 B는 표본공간의 분할이다. 따라서 베이즈의 정리에 의하여 흰 공이 상자 A에서 나올 확률은 다음과 같다.

$$P(A \mid W)=\frac{P(A)P(W|A)}{P(A)P(W|A)+P(B)P(W|B)}=\frac{\frac{1}{3}\times\frac{2}{5}}{\frac{1}{3}\times\frac{2}{5}+\frac{2}{3}\times\frac{1}{5}}=\frac{1}{2}.$$

연습문제

1. a, b와 1, 2, 3을 한 번씩 사용하여 4자리 비밀번호를 만들 때 만들 수 있는 비밀번호의 개수를 구하라.

2. 남자 5명, 여자 5명의 탁구 선수가 혼합 복식 팀을 짜는 경우의 수를 구하라.

3. 남자5명 여자 3명이 함께 축구 경기를 관람하기 위하여 경기장에 갔다. 양 끝에 남자가 앉는 경우의 수를 구하라.

4. 5자리 이진법 수 중 짝수의 개수를 구하라.

5. 6개의 숫자 2, 2, 3, 4, 4, 4로 만들 수 있는 5자리 정수의 개수를 구하라.

6. 8단으로 된 계단을 1단 또는 2단씩 오를 때, 이 계단을 오르는 방법의 수를 구하라.

7. 세 자리의 자연수 중에서 123, 378과 같이 각 자리의 수가 증가하거나 감소하는 서로 다른 세 개의 숫자로 이루어진 수는 모두 몇 개인지 구하라.

8. 서로 다른 7송이의 꽃을 서로 다른 3개의 꽃병에 꽂는 경우의 수를 구하라. 단 각각의 꽃병엔 적어도 한 송이 이상을 꽂아야 한다.

9. 방정식 $x+y+z=8$ 을 만족시키는 음이 아닌 정수해 $x,\ y,\ z$의 개수를 구하라.

10. 정사각뿔의 각 면을 서로 다른 5가지 색으로 색칠하는 방법의 수를 구하라.

11. 두 개의 주사위를 동시에 던질 때, 나오는 눈의 수의 차가 3 이상일 확률을 구하라.

12. 남학생 4명, 여학생 4명이 원탁에 둘러앉을 때, 남학생과 여학생이 교대로 앉을 확률을 구하라.

13. computer의 8개의 문자를 일렬로 나열할 때, c와 t사이에 2개의 문자가 올 확률을 구하라.

14. A, B, C, D, E, F의 6명이 원탁에 앉을 때, A와 B가 이웃하지 않게 앉을 확률을 구하라.

15. 남자 6명, 여자 5명 중에서 4명을 뽑을 때, 남녀를 적어도 한 명씩 뽑을 확률을 구하라.

16. 1학년 학생 4명, 2학년 학생 5명, 3학년 학생 3명, 4학년 학생 3명 중 대표 2명을 선발 할 때, 대표가 모두 같은 학년일 확률을 구하라.

17. 세 사상 A, B, C에 대하여 A와 B는 서로 배반사상이고 A와 C는 서로 독립사상이다. 또한 $P(A\cup B)=\frac{2}{3},\ P(A\cap C)=\frac{1}{4}, P(C)=\frac{1}{2}$ 일 때, $P(B)$를 구하라.

18. 어떤 대학의 합격생은 수도권 출신이 40%이고 지방 출신이 60%이다. 또, 수도권 출신 합격생의 여학생의 비율은 45%이고 지방 출신인 합격생의 여학생의 비율은 55%이다. 이 대학의 합격생 1명을 임의로 선택하였더니 여학생이었을 때, 이 학생이 지방 출신인 학생일 확률을 구하라.

19. 5회에 1번꼴로 우산을 잃어버리는 버릇이 있는 사람이 친구 A, B, C의 집을 차례로 방문하였다가 우산을 잃어버리고 집에 돌아왔을 때, 우산을 B의 집에 두고 왔을 확률을 구하라.

20. 두 사상 A, B에 대하여 $P(A)=\frac{1}{2}, P(B^C)=\frac{2}{3}, P(B|A)=\frac{1}{6}$ 일 때, $P(A^C|B)$의 값을 구하라.

21. 6명의 학생 A, B, C, D, E, F를 임의로 2명씩 짝을 지어 3개의 조로 편성하려고 한다. A와 B는 서로 다른 조에 편성되고 C와 D는 같은 조에 편성될 확률을 구하라.

제5장 확률분포

■ 본장의 개요

이 장에서는 확률의 정의를 바탕으로 확률변수와 확률분포의 개념을 소개한다. 확률분포는 확률변수의 성격에 따라 이산확률분포와 연속확률분포로 나누어진다. 확률변수가 주어진 구간 내에서 0, 1, 2, 3, ⋯ 등과 같은 의미의 제한된 값을 취하는 분포를 이산확률분포라 하고, 0과 1사이의 구간에서 몸무게, 키, 온도, IQ 등과 같이 무수히 많은 값을 확률변수로 취할 때 이를 연속확률분포라 한다.이산확률분포에는 이항분포, 포아송분포, 초기아분포, 음이항분포, 기하분포, 다항분포등이 있고, 연속확률분포에는 정규분포, t분포, χ^2분포, F분포 등이 있다.

5.1 확률변수

확률변수(random variable)는 실험의 결과들에 어떤 수치적 특성을 대응시켜 주는 함수인데 이를 좀 더 수학적인 용어로 표현해보면 다음과 같다.

- 확률변수 (random variable) : 각각의 근원사상들에 실수값을 대응시키는 함수로 주로 X, Y, ⋯ 등으로 표시한다.

확률변수 X가 동전을 세 번 던져 앞면에 나오는 횟수를 나타낸다고 하면 $X=x$는 앞면이 x 번 나오는 것을 나타내며 x는 $0, 1, 2, 3$중 하나가 될 것이고, 이를 확률분포표로 작성해 보면 다음과 같다.

[표 5.1] 이산확률분포

X	$P(X=x_i)$	표본공간
0	$\frac{1}{8}$	TTT
1	$\frac{3}{8}$	HTT, THT, TTH
2	$\frac{3}{8}$	HHT, HTH, THH
3	$\frac{1}{8}$	HHH

예제 1

불량품과 우량품이 들어 있는 상자로부터 임의로 한 개를 꺼내 본 다음에 다시 집어넣기를 2회 반복하는 실험을 했다. 이 때, 표본공간에서 확률변수 X를 불량품을 꺼낸 개수라고 정의했을 때 표본공간의 요소에 대응하는 확률변수를 구하여라.

풀이 불량품을 D, 우량품을 N으로 나타내면, 이 실험의 포본공간은

$$S=\{NN, ND, DN, DD\}$$

이다. 또, 확률변수 X를 꺼낸 불량품의 개수라고 정의하면,

$$X(NN)=0,\ X(ND)=X(DN)=1,\ X(DD)=2$$

이므로, X는 $0, 1, 2$의 값을 갖는 확률분포이다. ■

5.2 확률분포

5.2.1 이산확률분포

예제 1에서 확률변수 X가 취할 수 있는 각 값에 확률을 대응시킬 수 있는데 이를 표로 나타내면 다음과 같다.

X의 값	0	1	2
확 률	$\frac{1}{4}$	$\frac{1}{2}$	$\frac{1}{4}$

이와 같이 확률변수의 각 값들에 확률을 대응시켜 주는 관계를 X의 **확률분포**(probability distribution)라고 한다. 그리고 이와 같은 표를 확률변수 X의 **확률분포표**라 한다.

확률변수 X가 취할 수 있는 모든 값을 하나씩 셀 수 있으며, 모두 유한개이거나 또는 무한개이라도 셀 수 있는 경우의 X를 **이산확률변수**(discrete random variable)라 하며, 이산확률변수의 확률분포를 **이산확률분포**(distribution of a discrete random variable)라 한다.

이산확률변수 X가 $x_1, x_2, \cdots$의 값을 취할 때 X의 각 값에 대응하는 확률을

$$P[X = x_1],\ \ P[X = x_2],\ \cdots$$

라 하면 다음과 같은 함수를 생각할 수 있다.

$$f(x_i) = P[X = x_i]\ \text{(i=1, 2, } \cdots)$$

이 함수 f를 X의 **확률함수**(probability function)라 한다.

일반적으로 확률변수를 대문자 X로 나타내고, 확률변수의 값을 소문자 x로 나타낸다. 그리고 확률변수 X가 어떤 특정한 값 x를 취하는 사상을 $[X = x]$로 나타낸다. x에 사용된 첨자는 확률변수의 각 값을 나타내고 $f(x_i)$는 X가 x_i를 취할 확률을 나타낸다. 확률함수 f는 다음과 같은 성질을 갖는다.

확률함수의 성질 : 이산확률변수의 경우

(1) 모든 x_i값에 대해 $0 \le f(x_i) \le 1$

(2) $\sum_{i=1}^{\infty} f(x_i) = 1$

예제 2

어느 백화점에서 연말 매출용으로 내놓은 15개의 계산기 가운데 5개의 불량품이 있다고 하자. 한 고객이 이 가운데서 3개를 택하였을 때, 그 중의 불량품의 개수를 X라고 하자. X의 확률분포를 구하여라.

풀이 15개 중에서 3개를 택하는 방법의 수는 $\binom{15}{3}=455$ 이고, 이 모든 실험 결과들이 동일한 정도로 가능하므로

$$P(X=0)=\binom{10}{3}/\binom{15}{3}=\frac{120}{455}=\frac{24}{91}$$

$$P(X=1)=\binom{10}{2}\binom{5}{1}/\binom{15}{3}=45\times\frac{5}{455}=\frac{45}{91}$$

$$P(X=2)=\binom{10}{1}\binom{5}{2}/\binom{15}{3}=10\times\frac{10}{455}=\frac{20}{91}$$

$$P(X=3)=\binom{5}{3}/\binom{15}{3}=\frac{10}{455}=\frac{2}{91}$$

이것을 정리하면 다음과 같은 확률분포를 얻는다.

x	0	1	2	3
$P[X=x]$	$\frac{24}{91}$	$\frac{45}{91}$	$\frac{20}{91}$	$\frac{2}{91}$

이것을 그래프로 나타내면 그림 5.1과 같다. 이 그래프는 확률변수 X의 값 x에 대응되는 확률 $f(x)$를 막대그래프로 나타낸 것이다.

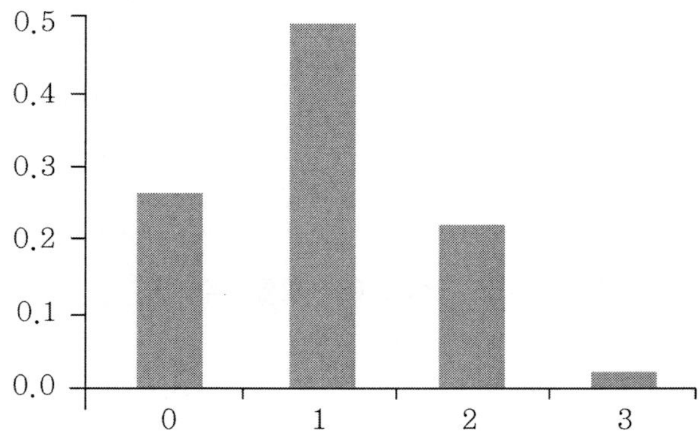

[그림 5.1]

5.2.2 연속확률분포

확률변수가 취할 수 있는 값들의 집합이 셀 수없이 무한인 경우, 즉 주어진 실수 구간내에 어떠한 실수도 취할 수 있는 경우, 확률변수 X를 **연속확률변수**(continuous random variable)라 하고 연속확률변수의 확률분포를 **연속확률분포**(distribution of a continuous random variable)라 한다.

그림 5.2와 같은 문자판에 점 O를 중심으로 하여 자유로이 돌릴 수 있는 바늘이 붙은 장치가 있다. 바늘을 세게 돌려서 자연스럽게 멈춘 위치에서 바늘이 가리키는 눈금을 X라 하자. X는 0부터 1까지의 값을 취하는 확률변수이다.

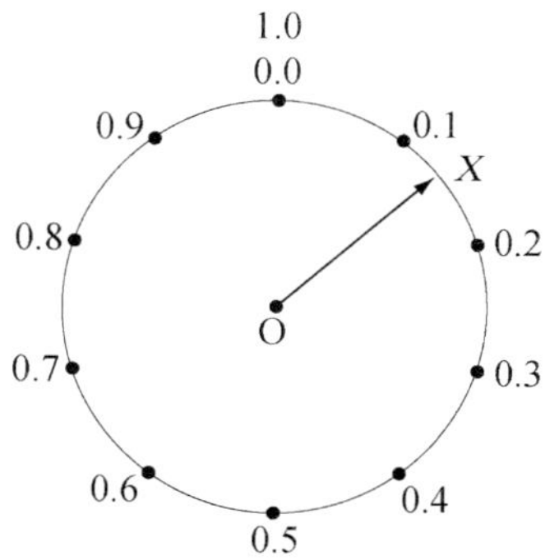

[그림 5.2]

바늘이 멈추는 모든 경우가 동일한 가능성을 가지고 일어날 수 있으므로, X가 구간 $[a,b]$의 점을 가리키는 확률은 전체구간 $[0,1]$의 길이와 구간 $[a,b]$의 길이의 비와 같다고 할 수 있다. 즉 다음과 같다.

$$P[a \le X \le b] = \frac{b-a}{1-0} = b-a \text{ (단, } 0 \le a < b \le 1)$$

함수 f를 다음과 같이 정의하자.

$$f(x) = \begin{cases} 1, & x \in [0,1] \\ 0, & x \notin [0,1] \end{cases}$$

그러면 다음이 성립한다.

$$P[a \le X \le b] = b-a = \int_a^b f(x)dx$$

이 식으로부터 X에 관한 확률은 함수 f에 의해서 결정됨을 알 수 있다. 이와 같은 함수 f를 X의 **확률밀도함수**(probability density function)라고 한다. 연속확률변수 X의 확률밀도함수를 다음과 같이 정의한다.

■ 확률밀도함수의 정의: 연속확률변수의 경우

다음을 만족시키는 f를 연속확률변수 X의 **확률밀도함수**라 한다.

1. 임의의 실수값 x에 대하여 $f(x) \geq 0$
2. $P[-\infty \leq X \leq \infty] = \int_{-\infty}^{\infty} f(x)d(x) = 1$
3. $P[a \leq X \leq b] = \int_a^b f(x)dx \ (-\infty \leq a < b < \infty)$

확률변수 X가 구간 $[a,b]$에 있을 확률 $P[a \leq X \leq b]$는 $x=a$와 $x=b$ 사이에서 함수 f의 그래프로 둘러싸인 영역의 넓이이다. $P[a \leq X \leq b]$는 그림 5.3에 나타나 있다.

확률밀도함수의 정의로부터 X가 연속확률변수일 때 다음이 성립함을 알 수 있다.

(1) 임의의 실수 $x \in X$에 대하여 $P[X=x] = \int_x^x f(x)dx = 0$

(2) $P[a \leq X \leq b] = P[a \leq X < b] = P[a < X \leq b] = P[a < X < b]$

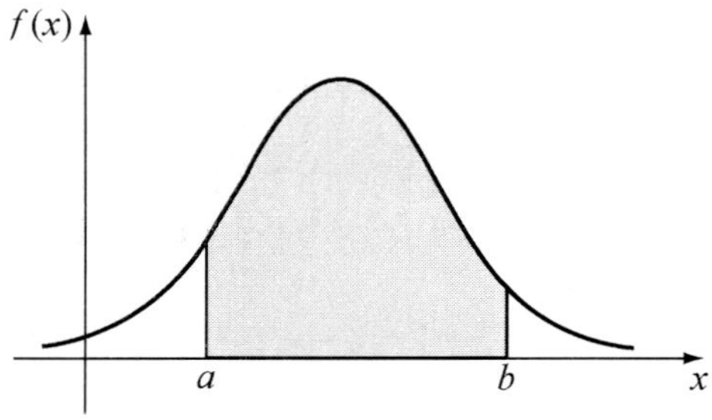

[그림 5.3]

예제 3

반도체 칩의 수명이 다음과 같은 확률밀도함수를 갖는다.

$$f(x) = \begin{cases} \dfrac{2}{(x+1)^3}, & x \geq 0 \\ 0, & x < 0 \end{cases}$$

칩의 수명이 5년에서 8년 사이일 확률을 구하여라.

풀이 반도체 칩의 수명을 X라 하면, 구하고자 하는 확률은 $P(5 \leq X \leq 8)$이므로

$$P(5 \leq X \leq 8) = \int_5^8 \frac{2}{(x+1)^3} dx$$
$$= \left[-\frac{1}{(x+1)^2}\right]_5^8 = -\frac{1}{81} + \frac{1}{36} = \frac{5}{324}$$

예제 4

확률밀도함수가 다음과 같을 때, 상수 k의 값을 구하라.

$$f(x) = \begin{cases} kx^2, & 0 < x < 3 \\ 0, & x \leq 0 \text{ 또는 } x \geq 3 \end{cases}$$

풀이 $\int_{-\infty}^{\infty} f(x)dx = 1$이므로 $\int_{0}^{3} kx^2 dx = 1$이다. 그런데

$$\int_0^3 kx^2 dx = \left[\frac{kx^3}{3}\right]_0^3 = 9k = 1$$

이어야 하므로 $k = \frac{1}{9}$이다.

5.3 확률변수의 기대값과 분산

확률변수 X에 대한 특성을 수치로 나타낸 것을 확률변수의 특성치라고 한다. 이러한 확률변수의 특성치로는 기대값, 분산, 적률 등이 있다. 먼저 분포의 중심 위치를 나타내는 측도인 기대값(expected value)에 대하여 알아보자.

이산확률변수 X가 취하는 값이 $x_1, x_2, \cdots x_n$ 이고 $X = x_i$일 확률을

$$f(x_i) = P[X = x_i] \text{ (i=1, 2, } \cdots)$$

이라 할 때,

$$\sum_{i=1}^{n} x_i f(x_i) = x_1 f(x_1) + x_2 f(x_2) + \ldots x_n f(x_n)$$

을 이산확률변수 X의 평균 또는 **기대값(expected value)**이라 하고, 기호로 $E(X)$로 나타낸다.

기대값 $E(X)$은 확률변수 X가 취할 수 있는 모든 가능한 값에 그것에 대응하는 확률을 곱한 후 이 곱들을 모두 더한 수치이다.

연속확률변수 X가 모든 실수값을 취하고 X의 확률밀도함수가 f일 때 $\int_{-\infty}^{\infty} xf(x)dx$를 연속확률변수 X의 평균 또는 **기대값**이라 한다.

확률변수의 기대값

확률변수 X의 확률밀도함수를 f라 할 때 X의 기대값은 다음과 같이 정의한다.

$$E(X)=\begin{cases}\displaystyle\sum_{i=1}^{n} x_i f(x_i) & (\text{이산확률변수})\\ \displaystyle\int_{-\infty}^{\infty} x f(x)dx & (\text{연속확률변수})\end{cases}$$

예제 5

주사위를 던져서 다음 표와 같은 금액을 받는 게임이 있다. 평균기대금액을 구하여라.

눈X	1	2	3	4	5	6
받는 금액	600원	1200원	400원	800원	0원	-1800원
$f(x)$	1/6	1/6	1/6	1/6	1/6	1/6

풀이 정의에 의해서 X의 기대값을 구하면 다음과 같다.

$$\begin{aligned}E(X) &= \sum_{i=1}^{6} x_i f(x_i)\\ &= 600\left(\frac{1}{6}\right)+1200\left(\frac{1}{6}\right)+400\left(\frac{1}{6}\right)+800\left(\frac{1}{6}\right)+(-1800)\left(\frac{1}{6}\right)=200\end{aligned}$$

따라서 기대금액은 200원이다.

■

예제 6

연속확률변수 X의 확률밀도함수가 다음과 같을 때 X의 기대값을 구하라.

$$f(x)=\begin{cases}\frac{1}{3}x^2, & 0<x<1\\ 0, & x\le 0 \text{ 또는 } x\ge 1\end{cases}$$

풀이 $E(X)=\int_{-\infty}^{\infty} x f(x)dx=\int_0^1 x\left(\frac{x^2}{3}\right)dx=\frac{1}{12}$

■

이제 X의 함수인 새로운 확률변수 $g(X)$의 기대값을 다음 예를 통해서 알아보자.

예제 7

주사위 한 개를 던져서 나오는 눈의 수를 X라 할 때, $E((X-3)^2)$을 구하여라.

풀이 새로운 확률변수 $g(X)=(X-3)^2$의 기대값을 다음과 같이 두 가지 방법으로 구할 수 있다.

(1) 확률변수X의 확률분포로부터 $(X-2)^2$의 확률분포를 계산해서 구한다.

$(x-3)^2$	0	1	4	9	계
확 률	$\frac{1}{6}$	$\frac{2}{6}$	$\frac{2}{6}$	$\frac{1}{6}$	1
$(x-3)^2\times$**확률**	0	$\frac{1}{3}$	$\frac{4}{3}$	$\frac{3}{2}$	1

그러므로 다음이 성립한다.

$$E((X-3)^2)=0+\frac{1}{3}+\frac{4}{3}+\frac{3}{2}=\frac{19}{6}$$

(2) 확률변수 X의 확률분포로부터 직접 구한다. X의 확률분포는 다음 표의 첫째, 둘째 행에 주어져 있다. X의 각 값 x에 대하여 $(x-3)^2$을 구하고 각각에 $X=x$의 확률을 곱한다. 이런 곱의 합이 바로 구하는 기대값이 된다.

x	1	2	3	4	5	6
$f(x)$	$\frac{1}{6}$	$\frac{1}{6}$	$\frac{1}{6}$	$\frac{1}{6}$	$\frac{1}{6}$	$\frac{1}{6}$
$(x-3)^2$	4	1	0	1	4	9
$(x-3)^2 f(x)$	$\frac{4}{6}$	$\frac{1}{6}$	0	$\frac{1}{6}$	$\frac{4}{6}$	$\frac{9}{6}$

따라서 다음이 성립한다.

$$E((X-3)^2)=\frac{4}{6}+\frac{1}{6}+\frac{1}{6}+\frac{4}{6}+\frac{9}{6}=\frac{19}{6}$$

■

예제 7에서 두 가지 방법에 대한 답은 같다. 특히, 두 번째 방법을 일반화하면 확률변수 X의 함수 $g(X)$의 기대값을 다음과 같이 정의할 수 있다.

■ 확률변수 함수의 기대값

확률변수 X의 확률밀도함수를 f라 할 때 g (X) 의 기대값을 다음과 같이 정의한다.

$$E[\,g\,(X)] = \begin{cases} \sum_{i=1}^{n} g\,(x_i)f(x_i) & (\text{이산확률변수}) \\ \int_{-\infty}^{\infty} g\,(x)f(x)dx & (\text{연속확률변수}) \end{cases}$$

g (X)의 기대값은 X가 취하는 모든 값에서 g (x_i)를 구하고, x_i값에 대응하는 확률을 곱한 후 이 곱을 모두 합하면 된다.

기대값의 정의로부터 다음과 같은 성질을 유도할 수 있다.

기대값의 성질

1. $E(a) = 0$
2. $E(bX) = bE(X)$
3. $E(X + a) = E(X) + a$
4. $E(X + Y) = E(X) + E(Y)$
5. $E[X - E(X)] = 0$

여기서 a와 b는 상수이고 X와 Y는 확률변수이다.

분산은 확률변수 X가 기대값 $E(X)$로부터 얼마나 멀리 흩어져 있는가를 나타내는 척도로써 확률변수 X의 분산은 $V(X)$ 또는 $Var(X)$, $\sigma^2(X)$등 으로 표시한다. 확률분포 X의 분산은 기대값에 대한 편차의 제곱을 확률변수로 한 기대값이다.즉,

$$V(X) = E[X - E(X)]^2 = E(X^2) - [E(X)]^2 = E(X^2) - \mu^2$$

이다. 이것이 바로 분포의 흩어진 정도를 나타내는 측도인 분산이다.

확률변수 X가 표현되는 단위와 같은 단위로 흩어진 정도의 측도를 나타내기 위해서 분산에 제곱근을 취하는데, 이것이 표준편차이다. 즉, X의 **표준편차**(standard deviation)는 분산의 양의 제곱근으로 정의하며 $sd(x)$ 또는 σ_X로 표시한다.

■ **확률변수 X의 분산과 표준편차**

X의기대값이 μ일 때 다음이 성립한다.

1. $Var(X) = E[(X-\mu)^2] = E(X^2) - \mu^2$

$$= \begin{cases} \sum_{i=1}^{n}(x_i-\mu)^2 f(x_i) & (\text{이산확률변수}) = \sum_{i=1}^{n} x_i^2 f(x_i) - \mu^2 \\ \int_{-\infty}^{\infty}(x-\mu)^2 f(x)dx & (\text{연속확률변수}) = \int_{-\infty}^{\infty} x^2 f(x)dx - \mu^2 \end{cases}$$

2. $sd(X) = \sqrt{Var(X)}$

예제 8

확률변수 X 의 분포가 다음과 같을 때 X 의 기대값, 분산, 표준편차를 구하여라.

X	0	1	2	3	4
$P[X=x]$	0.1	0.3	0.4	0.1	0.1

풀이 기대값, 분산, 표준편차는 다음과 같다.

$$E(X) = \sum_{i=1}^{5} x_i P[X=x_i]$$
$$= 0\times0.1+1\times0.3+2\times0.4+3\times0.1+4\times0.1 = 1.8$$

$$Var(X) = \sum_{i=1}^{5} x_i^2 P[X=x_i] - [E(X)]^2$$
$$= 0^2\times0.1+1^2\times0.3+2^2\times0.4+3^2\times0.1+4^2\times0.1-1.8^2 = 0.36$$

$$sd(X) = \sqrt{Var(X)} = \sqrt{0.36} = 0.6$$

예제 9

예제 6의 확률밀도함수에 대하여 X의 분산과 표준편차를 구하라.

풀이 X 의 기대값은 $\frac{1}{12}$ 이기 때문에 X 의 분산과 표준편차를 구하라.

$$Var(x) = \int_{-\infty}^{\infty} x^2 f(x)\,dx - [E(X)]^2 = \int_{0}^{1}\frac{x^4}{3}dx - \left(\frac{1}{12}\right)^2 = \frac{43}{720}$$

$$sd(X) = \sqrt{\frac{43}{720}} = 0.244$$

분산은 기대값으로부터 정의되었기 때문에 다음의 몇 가지 성질을 유도할 수 있다.

분산의 성질

상수 $a, b(b \neq 0)$에 대해 다음이 성립한다.

1. $Var(a) = 0$
2. $Var(X + a) = Var(X)$
3. $Var(bX) = b^2 Var(X)$
4. $Var(a + bX) = b^2 Var(X)$

표준편차의 성질

상수 $a, b(b \neq 0)$에 대해 다음이 성립한다.

1. $sd(X + a) = sd(X)$
2. $sd(bX) = |b| sd(X)$
3. $sd(a + bX) = |b| sd(X)$

표준편차의 성질은 분산에 양의 제곱근을 취해서 바로 구할 수 있다.

예제 10

예제 8의 확률변수 X에 대해 $Y = 50X - 20$이 성립한다. 그러면 Y의 기대값, 분산, 표준편차를 구하라.

풀이 Y의 기대값, 분산, 표준편차를 분산과 표준편차의 성질을 이용하여 구하면 다음과 같다.

$$E(50X - 20) = 50E(X) - 20 = 50 \times 1.8 - 20 = 70$$

$$Var(50X - 20) = 50^2 Var(X) = 50^2 \times 0.36 = 900$$

$$sd(50X - 20) = |50| sd(X) = 30$$

■

5.4 분포함수

확률을 계산하는데 사용되는 다른 함수로 누적분포함수(cumulative distribution function) $F(x)$가 있다. 누적분포함수를 **분포함수**라고 하며, 다음과 같이 정의한다.

$$F(x) = P(X \le x_i) = \begin{cases} \sum_{i \le x} f(x_i) & \text{이산적인 경우} \\ \int_{-\infty}^{x} f(t)dt & \text{연속적인경우} \end{cases}$$

예제 11

예제 8의 분포함수 $F(x)$를 구하고 $F(x)$를 그래프로 나타내라.

풀이 확률변수 X는 0, 1, 2, 3, 4의 값을 취한다. 0, 1, 2, 3, 4에 대응하는 확률은 각각 0.1, 0.3, 0.4, 0.1, 0.1이다. 그러면 $x < 0$일 때 $F(x) = 0$ 이고 $P[X = 0] = 0.1$이므로

$$F(0) = P[X \le 0] = 0.1$$

이다. x가 증가하더라도, X가 취할 수 있는 다음 값까지 x가 도달하기 전에는 함수 $F(x)$는 0.1 그대로이다.

여기서 $F(x)$가 변하는 다음 값은 $x = 1$이며, 다음을 얻는다.

$$F(1) = P[X \le 1] = P[X = 0] + P[X = 1] = 0.1 + 0.3 = 0.4$$

유사한 과정을 반복하면 다음 표와 같다.

x	$x < 0$	$0 \le x < 1$	$1 \le x < 2$	$2 \le x < 3$	$3 \le x < 4$	$x \ge 4$
$F(x)$	0	0.1	0.4	0.8	0.9	1

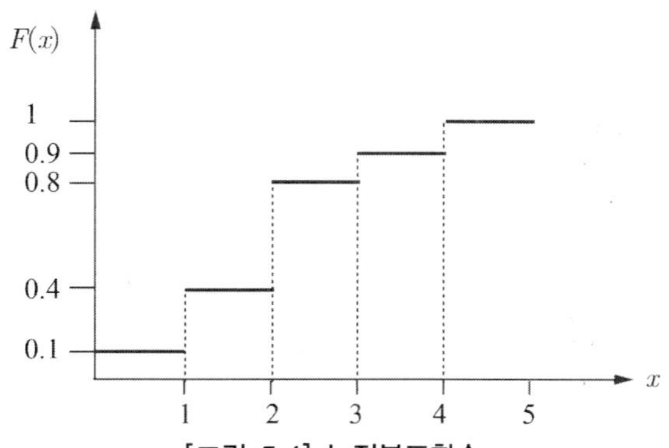

[그림 5.4] 누적분포함수

예제 12

반도체 칩의 수명이 다음과 같은 확률밀도함수를 갖는다.

$$f(x) = \begin{cases} \dfrac{2}{(x+1)^3}, & x \geq 0 \\ 0, & x < 0 \end{cases}$$

X 의 분포함수 $F(x)$ 와 $P[5 \leq X \leq 8]$ 를 구하고, $F(x)$ 의 그래프를 그려라.

풀이 $x < 0$ 이면 $F(x) = P(X \leq x) = 0$ 이고, $x \geq 0$ 이면

$$F(x) = P(X \leq x) = \int_0^x \frac{2}{(u+1)^3}\,du = \left[-\frac{1}{(u+1)^2}\right]_0^x$$
$$= 1 - \frac{1}{(x+1)^2}$$

분포함수를 이용하면 다음과 같다.

$$P(5 \leq x \leq 8) = F(8) - F(5) = \left(1 - \frac{1}{81}\right) - \left(1 - \frac{1}{36}\right) = \frac{5}{324}$$

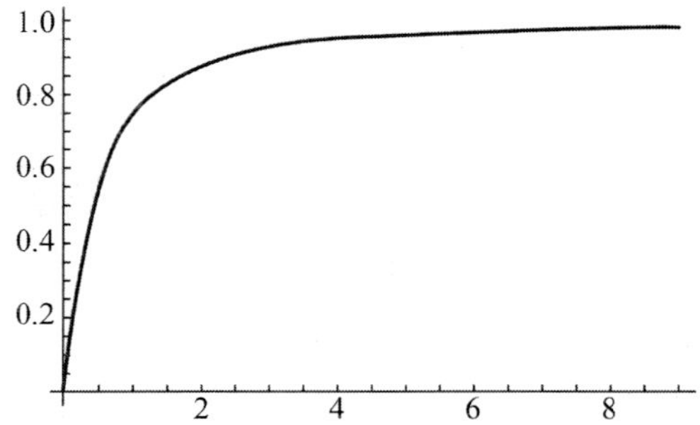

[그림 5.5]

이 값은 적분을 직접 이용해서 구한 것과 같다.

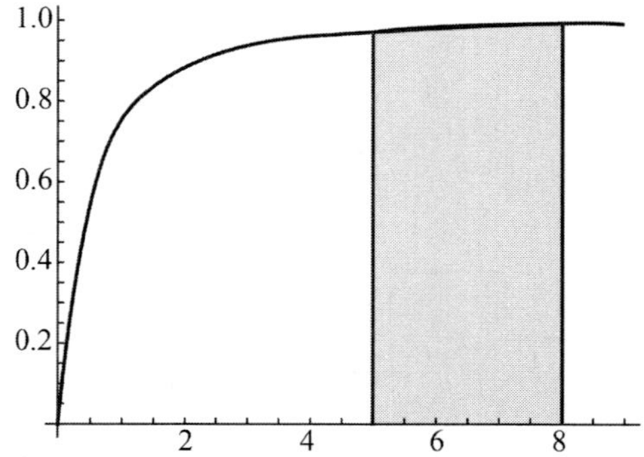

[그림 5.6]

5.5 두 확률변수의 결합분포

지금까지 단 하나의 확률변수만을 생각했다. 그러나 두 개 이상의 확률변수들이 서로 어떤 확률적 관계를 가지면서 관측되는 경우도 흔히 있다.

이제, 자동차에 생기는 두 종류의 결함을 연구하는 실험에서, X와 Y를 각각 불량 용접의 수와 느슨하게 조여진 볼트의 수라 하자. 많은 자동차들을 관찰하여 각 자동차마다 다음과 같은 확률적 관계를 얻었다고 하자.

[표 5.2]

x \ y	0	1	2	3
0	0.840	0.030	0.020	0.010
1	0.060	0.010	0.008	0.002
2	0.010	0.005	0.004	0.001

표 5.2에서 불량 용접의 수 2개와 느슨하게 조여진 볼트의 수 1개가 관측될 확률은 0.005이다. 이와 같이 2개 이상의 확률변수가 동시에 취하는 여러 가지 값에 확률을 대응시켜 주는 관계를 **결합확률분포**(joint probability distribution)라 한다.

표 5.2에서 불량 용접의 수와 분포와 느슨하게 조여진 볼트의 수의 분포를 쉽게 구할 수 있다. 즉 불량 용접의 수가 1개 관측될 확률은

$$0.060+0.010+0.008+0.002=0.080$$

이고 다른 값에 대해서도 같은 방법으로 확률을 구하면 다음과 같은 확률분포를 얻는다.

[표 5.3]

x	0	1	2
$P[X=x]$	0.900	0.080	0.020

마찬가지 방법으로 느슨하게 조여진 볼트의 수의 확률분포를 구하면 다음과 같다.

[표 5.4]

y	0	1	2	3
$P[Y=y]$	0.910	0.045	0.032	0.013

표 5.3, 5.4와 같이 두 확률변수의 결합확률분포로부터 얻어진 한 확률변수의 확률분포를 **주변확률분포**(marginal probability distribution)라 한다.

두 확률변수의 결합분포를 이산확률변수에 대해서만 생각해보자. 이산확률변수 X와 Y가 각각 $x_1, x_2, \cdots$ 와 $y_1, y_2, \cdots$ 의 값을 취할 때, 각 (x_i, y_j)에 확률 $P[X=x_i, Y=y_j]$를 대응시켜 주는 관계를 X와 Y의 **결합확률 질량함수**(joint probability mass function)라고 한다. 즉

$$f(x, y) = P[X=x_i, Y=y_j]$$

로 정의되는 함수 f는 두 확률변수의 X와 Y의 결합확률 질량함수이다. 결합확률 질량함수의 성질은 다음과 같다.

결합확률 질량함수의 성질

1. 모든 i, j에 대하여 $f(x_i, y_j) \geq 0$
2. $\sum_{i=1}^{\infty}\sum_{j=1}^{\infty} f(x_i, y_j) = 1$
3. $P[a < X \leq b, c < Y \leq d] = \sum_{a < X \leq b} \sum_{c < Y \leq d} f(x_i, y_j)$

또, X와 Y의 결합확률분포로부터 X 및 Y 의 주변확률분포는 다음과 같다.

주변확률분포

$$h(x_i) = \sum_{j=1}^{\infty} f(x_i, y_j), \quad g(y_j) = \sum_{i=1}^{\infty} f(x_i, y_j)$$

예제 13

빨간 공 2개, 흰 공 3개, 푸른 공 4개가 들어 있는 주머니에서 2개의 공을 동시에 꺼낼 때, 빨간 공의 수를 X, 흰 공의 수를 Y라 하면, X와 Y의 결합확률분포를 구하고, X와 Y의 주변확률분포도 구하여라.

풀이 확률변수 X와 Y가 취할 수 있는 값은 각각 0, 1, 2이고, 결합확률분포와 주변 확률분포

는 다음 표와 같다.

$x \backslash y$	0	1	2	$f_1(x)$
0	6/36	12/36	3/36	21/36
1	8/36	6/36	0	14/36
2	1/36	0	0	1/36
$f_2(y)$	15/36	18/36	3/36	1

5.6 공분산과 상관계수

공분산(covariance)이란 확률변수 X의 증감에 따른 확률변수 Y의 증감의 경향에 대한 척도이다.

두 확률변수 X와 Y가 같이 변하는 정도의 척도로서 $(X-\mu_x)(Y-\mu_y)$의 평균을 사용한다.

기대값이 각각 μ_x, μ_y인 두 확률변수 X와 Y에 대하여, 만일 X의 값이 μ_x보다 클 때 Y의 값도 μ_y보다 커지고 X의 값이 μ_x보다 작을 때는 Y의 값도 μ_y보다 작아지는 경향이 있다면, $X-\mu_x$와 $Y-\mu_y$의 곱인 $(X-\mu_x)(Y-\mu_y)$의 값은 양의 값을 가질 가능성이 커지게 된다.

이와 같이 확률변수 X의 증감에 따른 확률변수 Y의 증감의 경향에 대한 척도로서 $(X-\mu_x)(Y-\mu_y)$의 기대값을 X와 Y의 공분산이라 하고 기호로는 $Cov(X, Y)$또는 σ_{xy}로 표시하며 다음과 같이 정의된다.

■ 공분산

$$Cov(X, Y)=E[(X-\mu_X)(Y-\mu_Y)]$$

기대값의 성질을 이용하여 다음과 같은 공분산의 간편식을 얻을 수 있다.

공분산의 간편식

$$Cov(X, Y)=E(XY)-\mu_X\mu_Y$$

또 상수 $a, b, c, d(a, c \neq 0)$에 대해 $aX+b$와 $cY+d$의 공분산은 다음과 같다.

$$Cov(aX+b, cY+d) = acCov(X, Y)$$

기대값의 성질을 이용하면 다음과 같이 두 확률변수의 합에 대한 분산의 공식을 유도할 수 있다.

$$Var(X+Y) = Var(X) + Var(Y) + 2Cov(X, Y)$$

$$Var(X-Y) = Var(X) + Var(Y) - 2Cov(X, Y)$$

공분산 $Cov(X, Y)$의 값은 확률변수 X와 Y가 취하는 값의 단위에 의존한다. 단위에 의존하지 않는 두 변수의 관계를 나타내는 측도를 정의하는 것이 바람직한데, 공분산을 두 확률변수의 표준편차의 곱으로 나눔으로써 다음 측도를 얻을 수 있다. 이것을 **상관계수(correlation coefficient)**라 하고 $Corr(X, Y)$ 또는 ρ로 표시한다.

상관계수

$$\rho = Corr(X, Y) = \frac{Cov(X, Y)}{\sigma_X \sigma_Y}$$

상관계수는 다음과 같은 중요한 성질을 갖고 있다.

상관계수의 성질

1. $Corr(X, Y) = Corr(Y, X)$
2. $-1 \leq Corr(X, Y) \leq 1$
3. $Corr(aX+b, cY+d) = \begin{cases} Corr(X, Y), & ac > 0 \\ -Corr(X, Y), & ac < 0 \end{cases}$

여기서 a, b, c, d는 상수이다.

예제 14

한 개의 동전을 3번 던질 때 X는 두 번 던질 때 까지의 앞면의 수이고 Y는 세 번째 던졌을 때 나타나는 앞면의 수라 할 때 X와 Y의 결합확률분포를 구하고 공분산과 상관계수를 구하시오.

풀이 결합확률분포

$X \backslash Y$	0	1	2	$f_Y(y)$
0	$\frac{1}{8}$	$\frac{2}{8}$	$\frac{1}{8}$	$\frac{1}{2}$
1	$\frac{1}{8}$	$\frac{2}{8}$	$\frac{1}{8}$	$\frac{1}{2}$
$f_X(x)$	$\frac{1}{4}$	$\frac{1}{2}$	$\frac{1}{4}$	1

$$\mu_X = 0\times\frac{1}{4}+1\times\frac{1}{2}+2\times\frac{1}{4}=1$$

$$\mu_Y = 0\times\frac{1}{2}+1\times\frac{1}{2}=\frac{1}{2}$$

$$\sigma_X^2 = 0^2\times\frac{1}{4}+1^2\times\frac{1}{2}+2^2\times\frac{1}{4}-1^2=\frac{1}{2}$$

$$\sigma_Y^2 = 0^2\times\frac{1}{2}+1^2\times\frac{1}{2}-\left(\frac{1}{2}\right)^2=\frac{1}{4}$$

$$\begin{aligned} Cov(X, Y) &= E(XY)-\mu_X\mu_Y \\ &= 0\cdot0\cdot\frac{1}{8}+0\cdot1\cdot\frac{2}{8}+0\cdot2\cdot\frac{1}{8}+1\cdot0\cdot\frac{1}{8}+1\cdot1\cdot\frac{2}{8}+1\cdot2\cdot\frac{1}{8}-1\cdot\frac{1}{2}=0 \end{aligned}$$

$$\rho = Corr(X, Y) = \frac{Cov(X, Y)}{\sigma_X\sigma_Y} = \frac{0}{\sqrt{\frac{1}{2}}\sqrt{\frac{1}{4}}}=0$$

5.7 두 확률변수의 독립성

이제 두 확률변수 X와 Y의 독립성에 대하여 생각해보자. 4장에서 보았듯이, 두 사상 A와 B에 대하여 $P(A\cap B)=P(A)P(B)$가 성립하면 두 사상 A와 B는 독립이다. 이와 마찬가지로, 모든 x_i와 y_j에 대하여 X가 x_i를 취하는 사상 $[X=x_i]$과 Y가 y_j를 취하는 사상 $[Y=y_j]$이 서로 독립이면 두 확률변수 X와 Y가 서로 독립이라고 한다. 그러므로 독립사상의 정의로부터 다음이 성립하면 두 확률변수 X와 Y는 독립이다.

$$P[X=x_i,\ Y=y_j]=P[X=x_i]P[Y=y_j]$$

두 확률변수의 독립성을 정리하면 다음과 같다.

■ 확률변수의 독립성

결합확률분포에서 모든 (x_i, y_j)에 대하여 $f(x_i, y_j) = h(x_i)\,g\,(y_j)$가 성립할 때, 두 확률변수 X와 Y는 서로 독립이라고 한다. X와 Y가 서로 독립이 아니면 서로 종속이라고 한다.

두 확률변수 X와 Y가 서로 독립인 경우는 다음과 같은 성질이 성립한다.

X와 Y가 서로 독립일 때 다음이 성립한다.

1. $E(XY) = E(X)E(Y)$
2. $Cov(X, Y) = 0$, $Corr(X, Y) = 0$
3. $Var(X+Y) = Var(X) + Var(Y)$

   $Var(X-Y) = Var(X) + Var(Y)$

예제 15

예제 14에서 두 확률변수 X와 Y는 서로 독립인지 살펴보아라.

풀이 주어진 확률분포와 주변확률분포로부터 다음 사실을 알 수 있다.

$$f_X(0)f_Y(0) = \frac{1}{4} \times \frac{1}{2} = \frac{1}{8} = f(0,0),\ f_X(0)f_Y(1) = \frac{1}{4} \times \frac{1}{2} = \frac{1}{8} = f(0,1)$$

$$f_X(1)f_Y(0) = \frac{1}{2} \times \frac{1}{2} = \frac{1}{4} = f(1,0),\ f_X(1)f_Y(1) = \frac{1}{2} \times \frac{1}{2} = \frac{1}{4} = f(1,1)$$

$$f_X(2)f_Y(0) = \frac{1}{4} \times \frac{1}{2} = \frac{1}{8} = f(2,0),\ f_X(2)f_Y(1) = \frac{1}{4} \times \frac{1}{2} = \frac{1}{8} = f(2,1)$$

즉 $f_X(x)f_Y(y) = f(X, Y)$가 성립함을 알 수 있다.

따라서 X와 Y는 서로 독립이다.

예제 16

두 확률변수 X와 Y가 다음과 같은 결합확률분포를 일 때 X와 Y는 서로 독립인지 알아보아라.

X \ Y	-1	0	1	$f_Y(y)$
0	0	$\frac{1}{3}$	0	$\frac{1}{3}$
1	$\frac{1}{3}$	0	$\frac{1}{3}$	$\frac{2}{3}$
$f_X(x)$	$\frac{1}{3}$	$\frac{1}{3}$	$\frac{1}{3}$	1

풀이 $f(X, Y) = \frac{1}{3} \neq f_X(0)f_Y(0) = \frac{1}{3} \cdot \frac{1}{3} = \frac{1}{9}$ 이므로 X와 Y는 독립이 아니다.

연습문제

1. 어느 공장에서 연간 수출용으로 내놓은 16개의 냉장고 가운데 6개의 불량품이 있다고 하자. 한 고객이 이 가운데 3개를 택하였을 때, 그 중의 불량품 개수를 X라고 하자. X의 확률분포를 구하여라.

2. 어느 청량음료회사에서는 날씨가 맑으면 하루 600만원의 수입을, 흐리면 300만원, 비가오면 100만원의 수입을 예상하고 있다. 한편 날씨가 맑을 확률은 0.6, 흐릴 확률은 0.3, 비가 올 확률은 0.1이라고 한다. 이 때 기대수입을 구하여라.

3. X의 확률분포가 다음과 같을 때 $2(X-1)^2$ 의 평균을 구하여라.

x	1	2	3
$P(X=x)$	0.3	0.5	0.2

4. 확률변수 X의 분포가 다음과 같을 때 $Var(10X+5)$ 의 값을 구하여라.

x	0	1	2	3
$P(X=x)$	1/10	3/10	5/10	1/10

5. 확률변수 X의 확률밀도함수가 다음과 같이 주어질 때 X의 기댓값 $E(X)$와 표준편차 $Var(X)$를 구하여라.

$$f(x) = \begin{cases} kx(1-x), & 0 \le x \le 1 \\ 0, & x < 0, x > 1 \end{cases}$$

6. 어느 투자에 대한 미래의 수익성에 대하여 조사하였더니 $E(X) = 500$(만원), $Var(X) = 400$만원이었다. 수익이 두 배가 될 때 기대수익과 표준편차를 구하라.

7. 확률변수 X의 확률밀도함수가 다음과 같이 주어지고, $E(X) = 1$일 때 상수 a, b의 값을 구하여라.

$$f(x) = \begin{cases} ax, & 0 \le x \le 1 \\ b - x, & 1 \le x \le 2 \end{cases}$$

8. 확률변수 X의 확률밀도함수가 다음과 같이 주어질 때 X의 평균과 분산을 구하여라.

$$f(x) = \begin{cases} 3x^{2,} & 0 \le x \le 1 \\ 0, & \text{그밖의 범위} \end{cases}$$

9. 확률변수 X의 평균이 25, 표준편차가 2일 때 $E(2X^2 + 3X + 4)$의 값을 구하라.

10. 두 개의 동전을 던지는 시행에서 앞면이 나오는 횟수를 X라 할 때 분포함수 $F(x)$를 구하라.

11. 확률밀도함수 $f(x)$가 다음과 같이 주어질 때 분포함수 $F(x)$를 구하라.

$$f(x) = \begin{cases} e^{-x}, & x \ge 0 \\ 0, & x < 0 \end{cases}$$

12. 확률변수 X의 분포함수가 다음과 같을 때 $P(0 < X \le 1)$을 구하여라.

$$F(x) = \frac{x^3 + 1}{9}$$

13. 어느 제품의 가격 P와 판매량 Q는 다음과 같은 결합확률분포를 따른다고 한다.

P \ Q	30	40	$f_2(p)$
6	0.2	0.4	0.6
8	0.3	0.1	0.4
$f_1(q)$	0.5	0.5	1.0

(1) $E(P)$와 $E(Q)$를 구하여라.

(2) 공분산을 구하여라.

(3) 상관계수를 구하고 그 의미를 서술하여라.

14. X와 Y의 결합분포가 다음과 같다. X와 Y가 독립인지를 살펴라.

X \ Y	3	4	5	계
1	0.1	0.2	0.2	0.5
2	0.3	0.1	0.1	0.5
계	0.4	0.3	0.3	1.0

제6장

이산확률분포

■ 본장의 개요

5장에서 확률변수의 확률분포 및 이와 관련된 일반적인 성질에 대하여 알아보았다. 여러 가지 확률분포가 있지만, 이장에서는 통계적 추론에 많이 이용되고 실제 현상에서도 많이 나타나는 대표적인 이산확률분포에 대하여 알아본다.

1절에서는 베르누이 시행과 이항실험의 개념을 이해하고 2절에서는 1절의 내용을 바탕으로 하여 이산확률분포 중에서 가장 기본적이고 중요한 이항분포에 대하여 알아본다.3절에서는 베르누이 시행이 독립이라는 조건을 만족시키지 못할 경우에 이용하는 초기하분포에 대하여 알아보고 4절에서는 일정한 시간 또는 일정한 크기의 공간에서 어떤 사상이 희귀하게 발생하는 경우에 사용하는 푸아송분포에 대하여 알아본다. 5절과 6절에서는 기하분포, 음이항분포에 대하여 다룬다.

6.1 베르누이 시행과 이항실험

베르누이 시행(Bernoulli random trial)이란 시행결과가 두 가지만 나올 수 있는 시행을 말한다. 예를 들어, 동전을 던지면 앞면 아니면 뒷면이 나오며, 다른 결과는 있을 수 없다. 시험결과는 합격 아니면 불합격, 생산제품은 양호가 아니면 불량품, 회의에서는 찬성 아니면 반대 둘 중의 하나이다. 즉, 어떤 실험의 결과가 상호 배반적인 두 가지 요소중 하나로 나타날 때 이러한 실험을 **베르누이 시행**(Bernoulli random trial)이라 한다.

다음에는 이항실험(binomial experiment)에 대해서 살펴보자. 이항실험은 베르누이 시행이 독립적으로 반복되는 실험을 말한다. 여기서 '독립적'이란 각 시행의 결과가 다른 시행의 결과에 영향을 미치지 않는다는 뜻이다. 이항실험의 특징을 요약하면 다음과 같다.

이항실험의 특징

1. 같은 시행을 n 번 반복 시행한다.
2. 시행의 결과는 반드시 성공과 실패 둘 중의 하나로 나타난다.
3. 각 시행마다 성공의 확률은 같으며, 성공의 확률을 p, 실패의 확률을 q로 나타내면 $p+q=1$이다.
4. 시행은 독립적이다.

예제 1

주사위를 한 번 던져서 1또는 6의 눈이 나오면 성공이라 하자. 이때 1또는 6의 눈이 나오는 사상에 대한 확률분포를 구하여라.

풀이 1 또는 6의 눈이 나오면 성공이므로 $X=1$, 다른 눈이 나오면 실패이므로 $X=0$이라 하자. 그러면

$$P(X=1)=P(1\text{ 또는 }6)=\frac{1}{3},\ P(X=0)=1-P(1\text{ 또는 }6)=\frac{2}{3}$$

$$f(x)=\begin{cases}\frac{2}{3}, & x=0\\ \frac{1}{3}, & x=1\\ 0, & \text{다른 곳에서}\end{cases}$$

■

6.2 이항분포

동일한 성공의 확률을 가진 베르누이 시행을 독립적으로 반복하여 시행할 때 성공의 횟수에 대한 확률분포를 **이항분포**(binomial distribution)라고 한다.

보려고 한다. 조사대상 시간인 4시에서 5시까지의 1시간을 아주 작은 단위시간인 1초 간격으로 나누어 생각할 수 있으며, 1초 동안에는 2건 이상의 교통사고가 발생할 확률이 아주 작다. 또한 4시 20분부터 30분까지 일어난 교통사고의 건수와 4시 30분부터 40분까지 일어난 교통사고의 건수는 서로 관계가 없다. 즉 각 시간대별로 발생하는 교통사고 건수는 독립이라고 할 수 있다. 이런 상황은 위의 세 가지 조건을 만족시키고 있으므로 매 시간 발생하는 교통사고의 건수는 푸아송분포를 따른다고 할 수 있다.

X를 일정한 시간 구간에서 일어나는 성공의 횟수라 하면, 위의 세 가지 조건 아래에서 X의 푸아송분포는 다음과 같이 정의된다.

■ 푸아송분포

$$P[X=x]=\frac{e^{-m}m^{x}}{x\ !},\quad x=0,1,2,\cdots$$

여기서 m은 평균이다.

X가 푸아송분포를 따를 때 평균과 분산은 다음과 같다.

푸아송분포의 평균과 분산

평균$=m$,분산$=m$

예제 6

하루에 고속도로에서 발생하는 교통사고의 수는 $m=3$인 포아송분포라 가정하자. 이 때 오늘 사고가 일어나지 않을 확률을 구하여라.

풀이 사고의 횟수를 X라 하면 $X=0$이고 평균 $m=3$이다.

따라서 $P(X=0)=e^{-3}\frac{3^{0}}{0!}=0.05$이다.

6.5 기하분포

기하분포(geometric distribution)는 베르누이 시행으로부터 생각할 수 있는 또 하나의 확률분포이다. 이항분포가 정해진 수만큼의 베르누이 시행에서 일어나는 성공의 횟수가 갖는 분포였다면 기하분포는 성공의 횟수를 1로 정해놓고 그 성공까지 반복해야 하는 베르누이 시행의 수가 갖는 분포라 할 수 있다.

확률변수 X를 첫 번째 성공이 나올 때까지의 시행횟수라고 정의하면, X의 확률분포를 유도할 수 있다. X가 취하는 값은 $1, 2, \cdots$인데, 처음 $x-1$회까지는 실패이고 마지막 x번째가 성공인 경우는 확률변수 X가 x를 취하는 경우이므로 실패를 F, 성공을 S라고 하면 그 확률은 다음과 같다.

$$P[X=x] = P(\underbrace{FFF\cdots F}_{x-1}S) = q^{x-1}p, \quad x = 1, 2, \cdots$$

성공할 확률 $P(S)$가 p이고, 실패할 확률 $P(F)$가 $q = p - 1$인 반복독립시행에서 확률변수 X를 처음으로 성공이 나타날 때까지의 시행횟수라고 하면, X의 확률분포는 다음과 같으며 이 확률분포를 기하분포라 한다.

기하분포

$$P[X=x] = q^{x-1}p, \quad x = 1, 2, \cdots$$

X가 기하분포를 따를 때 평균과 분산은 다음과 같다.

기하분포의 평균과 분산

$$\text{평균} = \frac{1}{p}, \quad \text{분산} = \frac{q}{p^2}$$

예제 7

국가고시에서 합격할 확률은 0.4라고 한다. 다음 물음에 답하여라.

(1) 4번만에 비로소 합격할 확률을 구하여라.

(2) 2번 이전에 합격할 확률을 구하여라.

풀이 (1) X를 시험을 본 횟수라고 하면 $x=4, p=0.4$인 기하분포를 따른다.

따라서 다음을 얻는다.

$$P(X=4)=pq^{x-1}=(0.4)(0.6)^{4-1}=0.0864$$

(2)
$$\begin{aligned} P(x \leq 2) &= P(X=1)+P(X=2) \\ &= 0.4+0.4(0.6)=0.64 \end{aligned}$$

■

6.6 음이항분포

음이항분포(negative binomial distribution)는 이항분포의 역으로 생각할 수 있는 확률분포이다. 이항분포에서는 베르누이 시행을 n번 반복 시행할 때 얻은 성공의 횟수를 확률변수라 하는데 시행의 횟수는 고정시키고 성공의 횟수를 변하게 한다.

반면에, 음이항분포에서는 마지막 시행에서 성공하여 전체적으로 r번 성공하는 데 필요한 시행의 횟수를 확률변수 X라 하며, 이 때 성공의 횟수는 고정되어 있고 시행의 횟수가 변한다. 예를 들면, $r=3$인 경우에 음이항분포의 실험에 대한 전형적인 결과는 다음과 같다.

ssffffs sffffss ffffsss sss ssfs

위의 각 경우에 확률변수 X의 값은 각각 7, 7, 7, 3, 4이다.

시행횟수 n을 미리 정하지 않고 마지막 시행에서 성공하여 전체적으로 성공의 횟수가 r번 나올 때까지 베르누이 시행을 독립적으로 반복하는 경우에, 성공할 확률을 p, 실패할 확률 $q=1-p$라 하면 r번 성공하기까지의 시행횟수 X에 대한 확률분포는 다음과 같다. 이 확률분포를 음이항분포라 한다.

음이항분포

$$P[X=x]=\binom{x-1}{r-1}p^{r}q^{x-r}, \quad x=r, r+1, \cdots$$

X가 음이항분포를 따를 때 평균과 분산은 다음과 같다.

> **음이항분포의 평균과 분산**
>
> 평균$=\dfrac{r}{p}$, 분산$=\dfrac{rq}{p^2}$
>
> 여기서 $q=1-p$이다.

예제 8

슈팅률이 42%인 축구선수가 슛을 시도한다. 5번의 슛을 시도할 때 2번째 골인에 성공할 확률을 구하여라.

풀이 $X=5,\ r=2,\ p=0.42$ 인 음이항분포이므로 구하고자 하는 확률은

$$P(X=5)=\binom{5-1}{2-1}(0.42)^2(1-0.42)^3=0.1377$$

연습문제

1. A시 경찰국에 의하면 1981년도 범죄검거율은 약 87%라고 한다. 1982년 어느 날 부산에서 10건의 범죄가 발생했다고 할 때, 10건 모두 검거될 확률을 구하여라.

2. 어느 대학에 입학한 학생들이 그 대학을 무사히 졸업할 수 있는 확률이 0.9라고 한다. 이 대학에 입학한 어느 학생의 친구 5명 중 3명이상이 졸업할 확률을 구하여라.

3. 수술을 하면 어떤 병을 완치할 수 있는 확률이 1/5이라고 한다. 만약 이 병에 걸려있는 30명의 환자들을 모두 수술한다면, 완치될 수 있는 환자수의 평균과 표준편차를 구하라.

4. 종업원 120명이 있는 회사가 있다. 결근자의 수가 평균 2.5인 푸아송 분포라면 결근자가 한 사람도 없을 확률을 구하여라.

5. 어느 시에서는 하루동안 평균 4건의 교통사고가 발생한다. 이 시에서 하루동안 교통사고가 2건이하 발생할 확률을 구하라.

6. 어떤 장소에 있는 공중전화는 1일 평균 5회 사용된다. 그 횟수가 푸아송 분포를 따를 때 표준편차를 구하시오.

7. 항아리에 흰 공 3개, 검은 공 10개가 들어있다. 임의로 5개를 추출할 때 흰공이 2개일 확률을 구하여라.

8. 40개의 제품 중에 3개의 불량품이 들어있다. 그 중에서 5개의 제품을 추출할 때 불량품 수에 대한 평균과 분산을 구하여라.

9. 매주 발매하여 주말에 추첨하는 복권에서 당첨될 확률이 20%라고 한다. 한 사람이 복권이 당첨될 때까지 매주 하나씩 계속하여 산다고 할 때, 이 사람이 5번째 주에 처음 당첨될 확률을 구하여라.

10. 어떤 사람이 정보처리기사 시험에 합격할 확률은 0.8이다. 이 사람이 3번째 시험에서 처음 합격할 확률과 기댓값 및 표준편차를 구하라.

11. 어느 시합에서 5전3승이면 승리한다. A팀과 B팀의 시합에서 A팀이 1회 게임에서 이길 확률은 0.52이다. A팀이 이 시합에서 승리할 때까지의 시합횟수를 X라 할 때

(1) X의 확률함수를 구하여라.

(2) X의 평균과 분산을 구하여라.

12. 방문여론조사에서 인터뷰에 응하는 가정은 1/3이라 한다. 100가구의 인터뷰를 하려면, 평균 몇 가구를 방문해야하는지 구하여라.

제7장 연속확률분포

■ 본장의 개요

이 장에서는 어떤 구간의 모든 값을 취할 수 있는 확률변수의 확률분포를 알아본다. 신장, 체중, 기온, 강수량 등의 측정값은 이런 형태의 확률변수이다. 이 측정값을 기록할 때 측정기기의 제약 때문에 가장 적당한 정수값 또는 적당한 소수를 사용하긴 하지만 적절한 범위 내의 연속적인 값을 취하는 것이 더 바람직한 일이다. 실제 현상에서 연속확률분포는 확률변수의 분포의 상태를 잘 나타내는 이론적 모형으로 유용하게 쓰인다. 이 장에서는 연속확률분포에 포함되는 균등분포, 정규분포에 대하여 알아보기로 하겠다. 특히 2절에서는 무한모집단의 분포로서 가장 대표적인 확률분포인 정규분포의 성질을 다루고 대표적인 이산확률분포인 이항분포를 연속확률분포의 정규분포에 근사시키는 방법에 대하여 알아본다.

7.1 균등분포

균등분포는 확률변수 X가 일정한 구간 내에서 정의되며 그 구간 내에서의 확률밀도는 균등하다. 이와 같은 일정한 구간 내에서 확률변수 X에 따르는 밀도가 같기 때문에 다음과 같은 확률분포모형을 **균등분포**(uniform distribution)라 한다. 때로는 직사각형이기 때문에 이를 **직사각형분포**(rectangular distribution)라고도 한다.

균등분포

$$f(x)=\begin{cases}\dfrac{1}{b-a}, & a \le x \le b \\ 0, & x < a \text{또는} x > b\end{cases}$$

확률변수 X가 균등분포를 따르면 X의 분포함수는 다음과 같다.

$$F(x)=\begin{cases}0, & x < a \\ \dfrac{x-a}{b-a}, & a \le x \le b \\ 1, & b < x\end{cases}$$

균등분포의 확률밀도함수와 분포함수의 그래프는 다음과 같다.

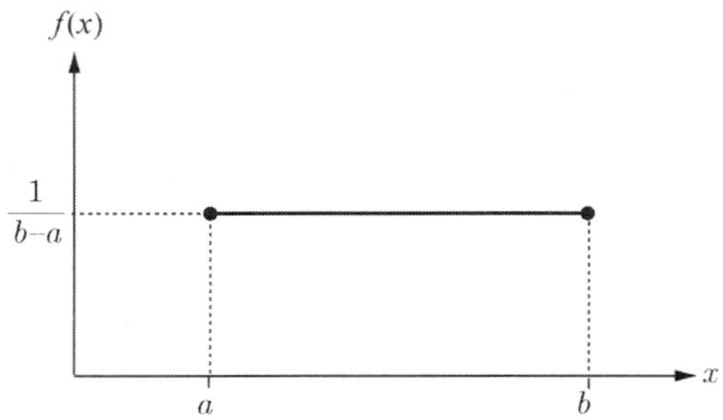

[그림 7.1] 확률밀도함수

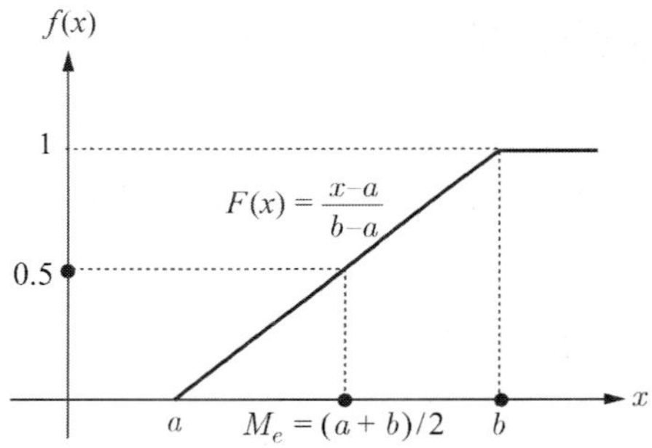

[그림 7.2] 분포함수

확률변수 X가 균등분포를 따를 때 평균과 분산은 기대값의 성질과 적분에 의해서 쉽게 구할 수 있는데 다음과 같다.

균등분포의 평균과 분산

$$\text{평균} = \frac{a+b}{2}, \text{분산} = \frac{(b-a)^2}{12}$$

예제 1

어느 회사에서 매트를 생산하고 있다. 이 매트의 두께는 25mm에서 30mm 사이의 값을 갖는 균등 확률분포를 따른다고 할 때 이 확률변수의 확률밀도 함수를 구하고, 평균과 분산을 구하라.

풀이 구간이 $[25,30]$ 이므로 확률밀도함수는

$$f(x)=\begin{cases}\dfrac{1}{5}, & 25<x<30\\ 0, & x\le 25 \text{ 또는 } x\ge 30\end{cases}$$

이다. 또한 평균은 $\dfrac{a+b}{2}=\dfrac{25+30}{2}=\dfrac{55}{2}$,

분산은 $\dfrac{(b-a)^2}{12}=\dfrac{(30-25)^2}{12}=\dfrac{25}{12}$ 이다.

7.2 정규분포

정규분포(normal distribution)는 각종의 물리적 실험에서 연구된 확률변수들에 대한 연속형 분포로서, **가우스**(Carl Gauss)에 의해 가우스분포라는 이름으로 처음 제시 되었다. 그 후로 이 분포는 물리학뿐만 아니라 다른 모든 학문분야에서도 확률모형 또는 근사적 확률모형으로 사용되어 왔다. 정규분포는 여러 가지 연속확률분포 중에서 가장 대표적인 분포이며 가장기본적인 분포라고 할 수 있다. 또한 이론적인 분포로써 모든 분포의 기초가 될 뿐 아니라 통계적 추정, 가설검정등이 추측통계분야의기초가 된다.

정규분포는 평균 μ와 표준편차 σ에 의해 결정되며, 다음과 같은 확률밀도함수를 가진다.

평균이 μ이고 표준편차가 σ인 정규분포의 확률밀도함수

$$f(x)=\frac{1}{\sqrt{2\pi}\,\sigma}e^{-\frac{(x-\mu)^2}{2\sigma^2}},\ -\infty<x<\infty$$

정규분포의 특성

① 평균, 중위수, 최빈수가 모두 일치한다. $(\mu = Me = Mo)$.

② $X = \mu$에 관해 종 모양의 좌우대칭이고, 이 점에서 최대값 $\frac{1}{\sigma\sqrt{2\pi}}$ 을 갖는다.

③ 정규곡선과 수평축 위의 전체 면적은 1이다. 즉

$$\int_{-\infty}^{\infty} \frac{1}{\sigma\sqrt{2\pi}} e^{-\frac{1}{2}\left(\frac{x-\mu}{\sigma}\right)^2} dx = 1 \text{ 또는 } \int_{-\infty}^{\infty} \frac{1}{\sqrt{2\pi}} e^{z} dz = 1$$

왜도 : $a_3 = 0$

첨도 : $a_4 = 3$

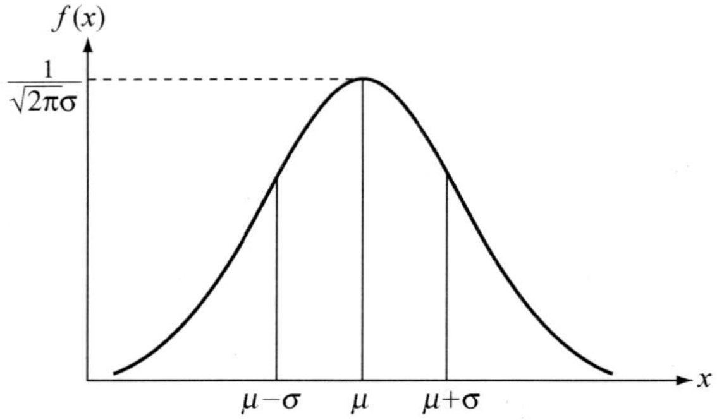

[그림 7.3] 정규분포곡선

확률변수 X가 평균이 μ이고 표준편차가 σ인 정규분포를 따를 때, $X \sim N(\mu, \sigma^2)$으로 나타낸다. X가 $N(\mu, \sigma^2)$인 정규분포를 따를 때 평균과 분산은 다음과 같다.

$$\begin{aligned} E(X) &= \int_{-\infty}^{\infty} x \cdot f(x) dx \\ &= \int_{-\infty}^{\infty} x \cdot \frac{1}{\sigma\sqrt{2\pi}} exp[-\frac{1}{2}(\frac{x-\mu}{\sigma})]dx = \mu \end{aligned}$$

$$\begin{aligned} V(X) &= \int_{-\infty}^{\infty} [x - E(X)]^2 f(x) dx \\ &= \int_{-\infty}^{\infty} [x - E(X)]^2 \frac{1}{\sigma\sqrt{2\pi}} exp[-\frac{1}{2}(\frac{x-\mu}{\sigma})^2]dx = \sigma^2 \end{aligned}$$

정규분포의 평균과 분산

$$\text{평균} = \mu, \text{분산} = \sigma^2$$

정규분포에서 가장 많이 쓰이는 대표적인 확률은 다음과 같다.

정규분포에서의 대표적인 확률

X가 $N(\mu, \sigma^2)$를 따를 때 다음이 성립한다.

$$P[\mu - \sigma < X < \mu + \sigma] = 0.6826$$
$$P[\mu - 2\sigma < X < \mu + 2\sigma] = 0.9544$$
$$P[\mu - 3\sigma < X < \mu + 3\sigma] = 0.9974$$

정규확률변수 X가 어떤 구간의 값을 취할 확률을 계산하기는 매우 복잡하므로, 적당한 변환을 통해 다른 정규확률변수로 바꾼다. 즉 어떤 정규확률변수 X가 평균이 μ이고 표준편차가 σ일 때,

$$Z = \frac{X - \mu}{\sigma}$$

는 평균이 0이고 표준편차가 1인 정규분포를 따른다. 이 확률변수 Z를 **표준정규확률변수**(standard normal variable)라 하고, 이 확률분포를 **표준정규분포**(standard normal distribution)라 하며 다음과 같은 확률밀도함수를 가진다.

표준정규분포

$$f(z) = \frac{1}{\sqrt{2\pi}} e^{-\frac{z^2}{2}}, -\infty < z < \infty$$

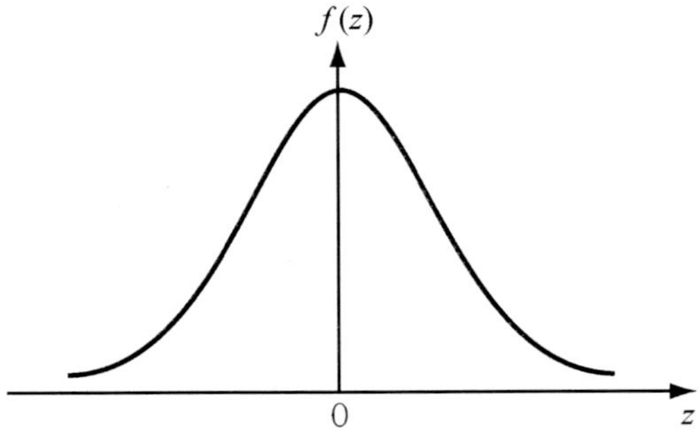

[그림 7.4] 표준정규분포곡선

Z가 표준정규분포를 따를 때, N(0,1)로 나타내며 평균과 기대값은 다음과 같다.

> **표준정규분포의 평균과 분산**
>
> 평균=0, 분산=1

표준정규분포의 확률계산은 부록에 주어진 수표를 이용하면 된다.

예제 2

확률변수 Z가 표준정규분포 N(0,1)을 따른다고 할 때, 표준정규분포 표를 이용하여 $P[-1 < Z < 2]$를 구하라.

풀이 표준 정규분포 함수의 확률밀도 함수는 y축에 대칭인 우함수 이므로

$$\begin{aligned} P[-1 < Z < 2] &= P[-1 < Z < 0] + P[0 \le Z < 2] \\ &= P[0 < Z < 1] + P[0 \le Z < 2] \\ &= 0.3413 + 0.4772 = 0.8185 \end{aligned}$$

이다.

예제 3

확률변수 Z가 표준정규분포 N(0,1)을 따를 때, 다음 확률을 구하라.

(1) $P[Z \ge 2]$　　(2) $P[Z < -1]$　　(3) $P[1 < Z < 2]$

풀이 (1) 구하려는 확률은 다음과 같다.

$$P[Z \geq 2] = 1 - P[Z < 2] = 1 - 0.9772 = 0.0228$$

(2) 표준 정규분포의 확률밀도 함수는 y축 대칭이므로 구하려는 확률은 다음과 같다.

$$P[Z < -1] = 1 - P[Z < 1] = 0.1587$$

(3) 구하려는 확률은 다음과 같다.

$$P[1 < Z < 2] = P[Z < 2] - P[Z < 1] = 0.9772 - 0.8413 = 0.1359$$

확률변수 X가 평균 μ와 분산 σ^2을 가진 정규분포 $N(\mu, \sigma^2)$을 따를 때 확률 $P[a < X < b]$를 표준정규분포 N(0,1)을 이용하여 다음과 같이 구한다.

$$P[a < X < b] = P[\frac{a-\mu}{\sigma} < \frac{X-\mu}{\sigma} < \frac{b-\mu}{\sigma}]$$
$$= P[\frac{a-\mu}{\sigma} < Z < \frac{b-\mu}{\sigma}]$$

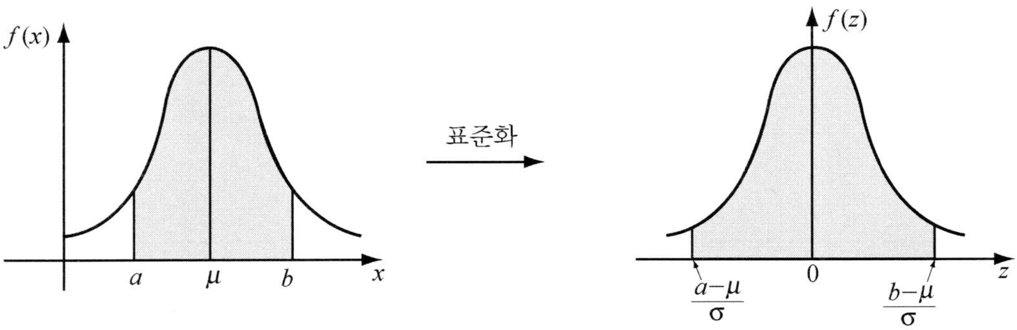

[그림 7.5] 정규분포의 표준화

예제 4

확률변수 X가 평균 12.8, 표준편차 5.0인 정규분포를 따를 때 다음의 확률을 구하라.

(1) $P[X \leq 12.0]$ (2) $P[X \geq 11.0]$ (3) $P[13.1 \leq X \leq 15.5]$

풀이 (1) $P[X \leq 12.0] = P\left[Z \leq \frac{12.0 - 12.8}{5.0}\right] = P[Z \leq -0.16]$

$$= 1 - P[Z \leq 0.16] = 0.4364$$

(2) $P[X \geq 11.0] = P\left[Z \geq \frac{11.0 - 12.8}{5.0}\right] = P[Z \geq -0.36]$

$$= P[Z \le 0.36] = 0.6406$$

(3) $P[13.1 \le X \le 15.5] = P\left[\dfrac{13.1-12.8}{5.0} \le Z \le \dfrac{15.5-12.8}{5.0}\right]$

$$= P[0.06 \le Z \le 0.54] = P[Z \le 0.54] - P[Z \le 0.06]$$

$$= 0.1815$$

예제 5

어느 학교 학생들의 키는 평균이 175cm, 표준편차가 3cm인 정규분포를 따른다고 한다. 임의로 선택한 신입사원의 키가 172cm보다 크고 178cm보다 작을 확률을 구하라.

풀이 학생들의 키를 확률변수 X라 할 때, 평균이 175, 표준편차가 3이므로 표준화 하면

$$Z = \frac{X-175}{3}$$

은 표준정규분포를 따른다. 그러므로 다음을 얻는다.

$$P[172 < X < 178] = P[\frac{172-175}{3} < Z < \frac{178-175}{3}]$$

$$= P[-1 < Z < 1]$$

$$= 0.6826$$

예제 6

어느 공정에서 생산되는 제품의 길이는 평균 370mm, 표준편차 5mm의 정규분포를 따르고 있다. 이 제품의 길이가 380mm 이상이 되는 확률을 구하라.

풀이 제품의 길이를 X라 하면 구하려는 확률은

$$P[X \ge 380] = P[Z \ge \frac{380-370}{5}] = P[Z \ge 2] = 1 - P[Z \le 2] = 0.0228.$$

다음은 이항분포와 정규분포사이의 관계에 대하여 알아보자. 이항분포는 p 또는 q의 값이 0 또는 1에 가깝지 않으며, $n = 20$ 정도이면 정규곡선에 근사되고 p 또는 q가 0에 가까운 값을 갖는 경우라도 n이 상당히 큰 값을 가지면 정규곡선에 근사하게 된다. 이러한 관계를

이항분포의 **정규분포근사**라 한다. 실제로 X가 이항분포 $b(n, p)$를 할 때 n이 충분히 크면

X는 평균 $\mu = np$, 분산$\sigma^2 = npq$인 정규분포 $N(np, npq)$에 가까워진다. 이러한 경우에 이항분포를 따르는 확률변수 X에 대하여

$$Z = \frac{X - np}{\sqrt{npq}}$$

의 분포는 표준정규분포 $N(0, 1)$에 근사하게 된다.

포아송 분포에서는$\lambda \to \infty$ 일 때 정규분포에 가까워진다. 바꾸어 말하면 $Z = \dfrac{X - \lambda}{\sqrt{\lambda}}$가 정규분포에 접근한다는 것이다.

이항분포의 확률을 정규분포에 근사시켜서 확률을 구할 때 유의할 점은 이항분포는 이산형이고 정규분포는 연속형이라는 것이다. 이러한 경우에 먼저 다음과 같은 **연속성의 수정**(continuity correction)을 하여야 한다.

이항분포의 확률을 표준정규분포에 근사시키는 방법

$$P[a \le X \le b] \fallingdotseq P\left[\frac{a - np}{\sqrt{np(1-p)}} \le Z \le \frac{b - np}{\sqrt{np(1-p)}}\right] \text{(연속성 수정을 안 한 경우)}$$

$$\fallingdotseq P\left[\frac{a - 0.5 - np}{\sqrt{np(1-p)}} \le Z \le \frac{b + 0.5 - np}{\sqrt{np(1-p)}}\right] \text{(연속성 수정을 한 경우)}$$

예제 7

어느 병에 걸려 사망하는 확률이 0.4라 한다. 만일 이 병에 걸린 환자 100명을 임의로 추출하여 조사하였을 때 50명 이상이 사망할 확률을 구하라.

풀이 사망한 환자의 수를 확률 변수 X라 하면 X는 n= 100, p=0.4인 이항분포를 따른다. 그런데 n이 충분이 크므로 정규분포로 근사시킬 수 있고 평균과 표준편차는 다음과 같다.

$$X\text{의 평균 } \mu = np = 40, \text{ 표준편차 } \sigma = \sqrt{np(1-p)} = \sqrt{24} \fallingdotseq 4.9$$

그러므로 연속성 수정을 안 한 경우에 구하려는 확률은

$$P[X \ge 50] \fallingdotseq P\left[Z \ge \frac{50 - 40}{4.9}\right] = P[Z \ge 2.04]$$

$$= 1 - P[Z < 2.04] = 0.0207.$$

또한 연속성 수정을 한 경우에 구하려는 확률은

$$P[X \geq 50] \fallingdotseq P[Z \geq \frac{50-0.5-40}{4.9}] = P[Z \geq 1.94]$$
$$= 1 - P[Z < 1.94] = 0.0262.$$

예제 8

어떤 제약회사에서 새로운 백신을 개발하였는데 이 백신의 효능은 0.9라고 주장한다. 랜덤하게 100명을 추출하여 조사하였을 때 다음 물음에 답하라.

(1) 면역성을 갖는 사람이 84명 이상 95명 이하일 확률을 구하라.

(2) 면역성을 갖는 사람이 86명 이하일 확률을 구하라.

풀이 백신을 투약했을 때 면역성을 갖는 사람의 수를 확률변수 X라 하자. X는 $n=100$, $p=0.9$인 이항분포를 따른다. 그래서 $np=100\times 0.9=90$, $\sigma=\sqrt{npq}=3$이므로 X는 근사적으로 $N(90,9)$인 정규분포를 따른다.

(1) 연속성 수정을 안한 경우에 구하려는 확률은

$$\begin{aligned} P[84 \leq X \leq 95] &\fallingdotseq P\left[\frac{84-90}{3} \leq Z \leq \frac{95-90}{3}\right] \\ &= P[-3 \leq Z \leq 1.67] \\ &= P[Z \leq 1.67] - (1 - P[Z < 3]) \\ &= 0.9525 - (1 - 0.9987) \\ &= 0.9512 \end{aligned}$$

이고 연속성 수정을 한 경우에 구하려는 확률은

$$\begin{aligned} P[84 \leq X \leq 95] &\fallingdotseq P\left[\frac{84-0.5-90}{3} \leq Z \leq \frac{95+0.5-90}{3}\right] \\ &= P[-2.17 \leq Z \leq 1.83] \\ &= P[Z \leq 1.83] - (1 - P[Z < 2.17]) \\ &= 0.9664 - (1 - 0.9850) \\ &= 0.9514 \end{aligned}$$

이다.

연습문제

1. 600명의 시험 성적의 평균은 64점, 표준편차는 10이다. 이를 정규분포로 볼 때 82점을 얻은 학생은 몇 등 정도가 되겠는가?

2. 어떤 인터넷 쇼핑몰에서 하루에 받는 주문수는 대략 평균 500, 표준편차 30의 정규분포를 따른다고 한다. 다음과 같이 주문을 받을 확률을 구하라.
   (1) 400개 미만　　　　(2) 530개 이상 575개 이하
   (3) 440개 이상 470개 이하

3. 어느 슈퍼에서 하루 평균 100개의 우유가 팔리며 표준편차가 10개라고 한다. 그러면 어느 날 이 슈퍼에서 120개 이상의 우유가 팔릴 확률을 구하라.

4. 어떤 제품의 무게는 평균 240g, 표준편차 6g의 정규분포를 따른다. 하나의 제품을 임의로 뽑았을 때 다음의 물음에 답하라.
   (1) 250g이상일 확률을 구하라.　　　　(2) 238g이하일 확률을 구하라.
   (3) 235g과 245g 사이일 확률을 구하라.

5. 어느 기사시험에서 응시자가 3200명이 지원하여 응시한 결과 평균 점수가 54점이고 분산이 25점이라 한다. 점수가 60점 이상이면 합격이라 할 때, 응시자 중에서 합격자 수를 구하라.

6. 어떤 제품의 강도가 평균 80파운드이고 분산이 16파운드인 정규분포를 따른다고 할 때 다음의 물음에 답하라.
   (1) 이 제품의 강도를 78파운드 이상인 물체로 유지하려고 한다. 이때 실패할 확률을 구하라.
   (2) 강도가 우수한 10%를 A등급으로 판매하고자 한다면 A등급 제품의 강도는 얼마 이상이어야 하는가?

7. 올해 수학능력 시험의 평균 점수는 250점이고 표준편차가 10이라고 한다. 수학능력 시험의 점수가 정규분포를 따른다고 할 때 이 시험에서 한 학생이 220점 이하를 득점할 확률을 구하라.

8. 주사위를 720번 던질 때 1의 눈이 90번 이상 130번 이하로 나올 확률을 구하라.

제8장

표본분포

■ 본장의 개요

현대 통계의 가장 일반적인 특징은 파악하려는 전체집단의 일부분을 토대로 하여 전체집단의 분포에 관한 지식을 정확히 추측하는 일이다. 그러므로 전체집단에 대한 정보를 얻고자 할 때 그 일부분인 표본을 사용하여 표본의 특성을 계산하고 그들이 확률분포를 파악함으로써 전체집단의 특성을 추측하려고 한다.

그러므로 모집단을 잘 대표하는 표본을 추출하여 이러한 오차를 줄여야 한다. 이때 표본에서 필요한 정보를 조사하여 모집단 전체의 관계를 조사함으로써 모집단 전체의 특성을 이해하는 데 큰 도움이 될 것이다.

8.1 표본추출법

인구조사와 같이 모집단에 관한 어떤 지식이나 특성을 알고 싶을 때 모집단 전체를 하나도 빠짐없이 모두 조사하는 통계조사를 **전수조사**(complete survey)라고 한다. 그리고 여론조사, TV 시청률 조사와 같이 모집단의 일부분인 표본을 추출하여 추출한 표본을 조사하여 그 결과를 바탕으로 모집단에 대한 특징을 추정하는 통계조사를 **표본조사**(sample survey)라 한다.

제품의 품질검사나 여론조사를 할 때 전수조사를 하면 결과는 정확하겠지만 많은 경비와 시간이 필요하게 되어 현실적으로 활용 가치가 적어진다. 따라서 이런 경우에는 표본조사를 하게 된다.

표본조사는 모집단의 일부분을 조사하기 때문에 전체를 조사할 때보다 시간과 비용을 절감할 수 있을 뿐 아니라 수집한 자료의 양이 적으므로 결과를 빨리 얻을 수 있다. 또한 조사규모가 작으므로 조사요원과 조사업무에 대한 관장을 좀 더 철저하게 함으로써 오히려 전수조사보다 정확성이 높은 결과를 기대할 수 있다. 그러나 표본조사 할 때 중요한 점은 모집단을 잘 대표하는 표본을 추출하여 조사해야 한다는 것이다. 그렇지 않으면 모집단의 특성과 차이가 큰 결과를 얻을 수 있다.

표본을 추출하는 방법에는 크게 나누어 **유의추출법**(purposive selection)과 **임의추출법**(random sampling) 두 가지가 있다. 유의추출법은 모집단으로부터 표본을 추출할 때 주관적인 판단, 즉 조사자의 지식 또는 경험을 토대로 하여 적당하다고 생각되는 표본을 추출하는 방법을 말한다. 이러한 유의추출법에 의하여 추출된 표본을 **유의표본**(purposive sample)이라 한다. 임의추출법은 모집단의 모든 원소가 표본으로 뽑힐 확률을 같도록 하여 객관적으로 공정하게 표본을 추출하는 방법을 말한다. 이러한 임의추출법에 의하여 추출된 표본을 **임의표본**(random sample) 또는 **확률표본**이라 한다.

대표적인 임의추출법인 단순임의추출법, 층화임의추출법, 계통추출법에 대하여 알아보자.

8.1.1 단순임의추출법

확률추출법 중에서 가장 기본적인 추출방법으로 어떤 제한도 없는 모집단 전체에서 무작위하게 표본을 추출하는 방법이다. 즉, 대상집단의 모든 구성요소에 대해 동등한 확률을 부여하여 표본을 추출하는 방법을 의미한다. 표본의 추출에 있어 조사자의 주관이 개입되지 않도록 난수표나 추첨을 통해 표본을 랜덤으로 추출하는 방법으로 모집단 N개 중에서 크기 n인 표본을 비복원추출하는 방법의 수는 $\binom{N}{n}$가지이다.

단순임의 추출법(simple random sampling)

크기 N개의 모집단에서 n인 표본을 비복원추출하는 방법의 수는 다음과 같으며 어떤 자료도 동등한 확률로 추출되는 방법이다.

$$\binom{N}{n} = {}_N C_n = \frac{N!}{n!(N-n)!}$$

8.1.2. 층화임의추출법

층화임의추출법은 실제로 많이 적용되는 방법 중의 하나로 모집단의 구성요소들의 성질이 상이한 경우에 사용되는 표본추출법이며, 모집단의 구성요소들을 비슷한 성질을 가진 구성요소들끼리 몇 개의 층으로 나눈 다음 각 층에서 표본을 단순확률추출법에 의하여 추출하는 표본추출방법이다. 이 방법은 층 내부에서는 추정하고자 하는 분산을 적게하고 층 상호간에는 분산을 크게 하는 것으로 각 층에서 상대적으로 표본을 적게 갖더라도 정확한 추정을 할 수 있다. 또한 층화임의추출법은 표본을 각 층별로 추정값을 계산할 수도 있고 표본이 모든 층에 분포되어 있어 모집단을 대표하는 표본을 추출할 가능성이 높으나 층을 나누는데 별도의 경비가 든다는 단점이 있다.

> **층화임의추출법(stratified random sampling)**
>
> 모집단을 동질적이고 유사한 성질을 갖는 구성요소들로 묶어서 몇 개의 층을 나눈 다음 각 층으로부터 단순랜덤추출법에 의하여 일정한 표본을 추출하는 방법이다.

8.1.3 집락추출법

모집단의 크기가 작으면 단순임의추출법이나 층화추출법이 가능하지만 모집단의 크기가 크면 리스트 작성이 어렵고 또한 조사단위가 흩어져 있으므로 비용이 많이들며 표본의 조사, 관리가 어렵다. 이러한 경우에 집락추출법이 이용되는 것으로 모집단을 **집락**(cluster)이라 부르는 여러 개의 부분집단으로 나눈 다음, 몇 개의 표본집락을 단순임의추출법으로 임의추출하고 추출된 집락내의 조사단위를 전수조사하는 것을 의미한다. 집락이라 하는 부분집단들 사이에는 **이질성**(variability)이 적어야만 선택된 집락에서 모집단의 특성을 올바르게 추정해 낼 수 있다.

> **집락추출법(cluster sampling)**
>
> 모집단을 집락이라 부르는 여러개의 부분집단(층)으로 나누고 그 중에서 일부의 부분집단을 단순임의추출법으로 추출하여 추출된 부분집단에 속해 있는 모든 요소를 전부 조사하는 방법이다.

8.1.4 계통추출법

생산공정에서 단순임의추출법을 실시하는 것은 곤란하거나 어려운 경우가 많다. 이 경우에 단순임의추출법의 단점을 보완한 것으로 계통추출법은 표본을 시간적으로나 공간적으로 일정한 간격을 두고 취하는 추출방법으로 표본추출과정이 매우 간편하고 조사현장에서도 직접 적용될 수 있으며 모집단 전체에서 골고루 표본이 추출되는 장점이 있다. 크기 N인 모집단으로부터 크기 n인 표본을 추출한다고 할 때 $k=\dfrac{N}{n}$을 **추출간격**(sampling interval)이라 하면 계통추출은 모집단에서 처음과 k번째 사이의 추출단위에서 무작위로 하나를 추출하고 다음부터는 매 k째 마다 표본을 추출해 나가는 것이다.

> **계통추출법(systematic sampling)**
>
> 모집단에서 먼저 k개 원소들 중에서 임의로 하나를 뽑아 출발점을 정하여 두고 다음부터는 매 k번째마다 일정간격으로 원소를 추출하는 방법이다.

8.2 표본분포

모집단의 모형은 모집단의 평균 및 분산과 같은 모집단의 특성값에 의하여 결정되는데 이와 같은 모집단의 특성값을 **모수**(parameter)라 한다. 모수는 모집단 전체를 조사해야 알 수 있는데 모집단 전체에 대한 조사가 불가능하기 때문에 일반적으로 모수는 미지로 남게 된다.

모수를 추정하기 위하여 표본을 추출하여 표본으로부터 표본의 평균 또는 분산과 같은 표본의 특성값을 계산하는데 이와 같이 계산되는 표본의 특성값을 **통계량**(statistic)이라 한다.

모집단에서 추출된 표본의 상태에 따라서 각 표본은 각각 다른 평균을 가지고 그 표본의 평균들은 하나의 분포가 생겨서 표본평균의 분포를 갖게 된다. 이와 같은 현상은 표본의 분산에 대해서도 마찬가지로 생겨서 표본분산의 분포를 갖게 된다. 즉 모집단으로부터 어떤 표본을 뽑느냐에 따라 표본의 특성값인 통계량은 그 값이 달라지고 그 값에 의해 하나의 분포를 이루게 되는데 이와 같은 통계량의 확률분포를 **표본분포**(sampling distribution)라 한다.

8.2.1 평균의 표본분포

표본분포 중에서 가장 중요한 평균의 표본분포에 대하여 생각해 보자. 어떤 항아리에 0, 2, 4, 6이라고 쓰여진 구슬 4개가 들어 있는데 이 중에서 2개를 무작위로 뽑아 평균을 구하는 경우를 살펴보자. 먼저 모집단으로부터 크기 2인 임의표본을 복원추출하는 경우를 생각해 보면 추출될 수 있는 가능한 표본의 수는 $4^2 = 16$이다.

평균은 다음 표와 같으며 통계량 $\overline{X}$는 0부터 6까지 변동한다.

[표 8.1] 임의표본과 그 평균(복원추출)

표 본	(0, 0)	(0, 2)	(0, 4)	(0, 6)	(2, 0)	(2, 2)	(2, 4)	(2, 6)
$\overline{x}$	0	1	2	3	1	2	3	4
표 본	(4, 0)	(4, 2)	(4, 4)	(4, 6)	(6, 0)	(6, 2)	(6, 4)	(6, 6)
$\overline{x}$	2	3	4	5	3	4	5	6

표 8.1에서 평균이 0인 표본은 (0, 0)뿐이고 평균이 4인 표본은 (2, 6), (4, 4), (6, 2)의 세 가지이므로 표본을 복원추출할 때 표본의 평균이 0과 4가 될 확률은 각각 $\frac{1}{16}$과 $\frac{3}{16}$이 된다. 이와 같은 방법으로 하여 평균 $\overline{X}$의 표본분포를 구하면 표 8.2와 같다.

[표 8.2] 평균의 표본분포(복원추출)

$\overline{x}$	0	1	2	3	4	5	6	합계
도수	1	2	3	4	3	2	1	16
$p(\overline{x})$	$\frac{1}{16}$	$\frac{2}{16}$	$\frac{3}{16}$	$\frac{4}{16}$	$\frac{3}{16}$	$\frac{2}{16}$	$\frac{1}{16}$	1
$\overline{x}p(\overline{x})$	0	$\frac{2}{16}$	$\frac{6}{16}$	$\frac{12}{16}$	$\frac{12}{16}$	$\frac{10}{16}$	$\frac{6}{16}$	3
$\overline{x}^2 p(\overline{x})$	0	$\frac{2}{16}$	$\frac{12}{16}$	$\frac{36}{16}$	$\frac{48}{16}$	$\frac{50}{16}$	$\frac{36}{16}$	$\frac{23}{2}$

표 8.2에서 본 바와 같이 표본평균 $\overline{X}$의 평균은 $\sum \overline{x}p(\overline{x}) = 3$이다.

이제 주어진 항아리에서 크기가 2인 임의표본을 비복원추출로 뽑을 때를 생각해보자. 비복원추출로 크기 2인 표본을 뽑을 때의 가능한 표본의 수는 ${}_4C_2 = 6$이다. 비복원추출로 표본을 뽑을 때의 가능한 표본과 평균이 표 8.3에 주어졌다. 표 8.3에서 평균이 1인 표본은 {0, 2}뿐이고 평균이 3인 표본은 {0, 6}, {2, 4}의 두 가지이므로 표본을 비복원추출할 때 표본의 평균이 1과 3이 될 확률은 각각 $\frac{1}{6}$과 $\frac{2}{6}$가 된다. 이러한 방법으로 얻어진 비복원추출하는 경우의 평균의 표본분포가 표 8.4에 주어졌다.

[표 8.3] 임의표본과 그 평균(비복원추출)

표 본	{0, 2}	{0, 4}	{0, 6}	{2, 4}	{2, 6}	{4, 6}
$\overline{x}$	1	2	3	3	4	5

[표 8.4] 평균의 표본분포(비복원추출)

$\overline{x}$	1	2	3	4	5	합계
도수	1	1	2	1	1	6
$p(\overline{x})$	$\frac{1}{6}$	$\frac{1}{6}$	$\frac{2}{6}$	$\frac{1}{6}$	$\frac{1}{6}$	1
$\overline{x}p(\overline{x})$	$\frac{1}{6}$	$\frac{2}{6}$	$\frac{6}{6}$	$\frac{4}{6}$	$\frac{5}{6}$	3
$\overline{x}^2 p(\overline{x})$	$\frac{1}{6}$	$\frac{4}{6}$	$\frac{18}{6}$	$\frac{16}{6}$	$\frac{25}{6}$	$\frac{32}{3}$

표 8.4에서 나타난 바와 같이 표본평균 $\overline{x}$의 평균은 $\sum \overline{x}p(\overline{x}) = 3$이다. 즉 $E(\overline{X}) = 3$이다. 주어진 문제는 모집단 {0, 2, 4, 6}에서 크기 2인 임의표본을 뽑는 경우로 생각할 수 있다. 그러므로 모집단의 확률분포를 구하면 다음과 같다.

[표 8.5] 모집단의 확률분포

x	0	2	4	6	합계
$p(x)$	$\frac{1}{4}$	$\frac{1}{4}$	$\frac{1}{4}$	$\frac{1}{4}$	1
$xp(x)$	0	$\frac{1}{2}$	1	$\frac{3}{2}$	3

8.2.2 표본평균의 기댓값

대부분의 연구에서 모집단 전체를 조사할 수 없기 때문에 모평균, 모분산, 모비율과 같은 모수는 미지이고 표본평균, 표본분산, 표본비율과 같은 통계량을 계산하여 모수의 값을 추정한다.

이 절에서는 모평균 μ와 표본평균 $\overline{X}$ 사이의 관계를 이용하여 표본평균의 기댓값을 구하고자 한다.

모평균 μ와표본평균 $\overline{X}$ 사이에 어떤 관계가 있는지 알아보기 위하여 8.2.1절에서 다루었던 모집단 {0, 2, 4, 6}으로부터 크기 2인 표본을 뽑는 경우를 생각해보자.

표 8.5로부터 모평균은 $\mu = \sum \overline{x}p(\overline{x}) = 3$ 이다. 복원추출이나 비복원추출의 경우에 표본평균 $\overline{X}$의 기댓값 $E(\overline{X})$는 공식 $E(\overline{X}) = \sum \overline{x}p(\overline{x})$를 사용하면 표 8.2와 8.4에 나타난 바와 같이 다음을 얻는다.

$$E(\overline{X}) = \sum \overline{x}p(\overline{x})=3$$

즉 8.2.1절의 예를 통해서 표본평균 $\overline{X}$는 모집단으로부터 어떤 표본이 뽑히느냐에 따라 그 값이 달라질 수 있으나 평균값들의 평균은 모집단의 평균 $\mu = 3$과 같게 된다는 사실을 알 수 있다.

> **표본평균의 기대값**
>
> 모평균이 μ인 모집단에서 크기 n인 임의표본을 뽑을 때 표본평균 $\overline{X}$에 대하여 다음이 항상 성립한다.
>
> $$E(\overline{X}) = \mu$$

8.2.3 표본평균의 분산

표본평균의 분산은 임의표본을 비복원추출 하느냐 또는 복원추출 하느냐에 따라 그 값이 다르다. 8.2.1절의 예를 다음의 분산 공식에 적용해 보자.

$$Var(\overline{X}) = E[(\overline{X} - E(\overline{X}))^2] = E(\overline{X}^2) - [E(\overline{X})]^2$$

- 비복원추출의 경우 : $Var(\overline{X}) = \sum \overline{x^2}p(\overline{x}) - [E(\overline{X})]^2 = \dfrac{32}{3} - 9 = \dfrac{5}{3}$
- 복원추출의 경우 : $Var(\overline{X}) = \sum \overline{x^2}p(\overline{x}) - [E(\overline{X})]^2 = \dfrac{23}{2} - 9 = \dfrac{5}{2}$

표본평균의 분산과 모집단의 분산 사이에는 다음과 같은 관계가 성립한다.

표본평균의 분산

모분산이 σ^2 이고 크기가 N인 모집단에서 크기 n인 임의표본을 뽑을 때 표본평균 $\overline{X}$에 대하여 다음이 항상 성립한다.

- 비복원추출 : $Var(\overline{X}) = \frac{N-n}{N-1} \cdot \frac{\sigma^2}{n}$
- 복원추출 : $Var(\overline{X}) = \frac{\sigma^2}{n}$

여기서, $\frac{N-n}{N-1}$ 을 **유한 모집단 수정계수**(finite population correction factor)라고 한다. 또, 표본평균의 표준편차 $\sqrt{Var(\overline{X})}$ 를 **표준오차**(standard error)라 한다.

공식을 이용하여 $\overline{X}$의 분산을 다시 구해보자. $N=4, n=2$이고 모집단에서의 분산은 $\sigma^2 = 5$이므로 $\overline{X}$의 분산은 다음과 같다.

- 비복원추출의 경우 : $Var(\overline{X}) = \frac{4-2}{4-1} \cdot \frac{5}{2} = \frac{5}{3}$
- 복원추출의 경우 : $Var(\overline{X}) = \frac{5}{2}$

예제 1

어느 학년의 학생 300명의 신장은 평균 175cm이고 표준편차는 5cm라고 한다. 이 학생들 중 50명을 임의로 뽑을 때 표본평균의 분산을 구하라.

풀이 비복원 추출의 경우에 표본평균의 분산은

$Var(\overline{X}) = \frac{300-50}{300-1} \cdot \frac{100}{50} \fallingdotseq 1.67$ 이고

복원추출의 경우에 표본평균의 분산은

$Var(\overline{X}) = \frac{100}{50} = 2$ 이다.

■

8.3 표본분포의 모양과 중심극한정리

이 절에서는 모집단의 분포가 정규분포인 경우와 정규분포가 아닌 경우로 나누어서 $\overline{X}$의 표본분포의 모양에 대해서 알아보자.

8.3.1 정규 모집단의 경우

먼저 모집단이 정규분포를 따를 때 $\overline{X}$는 어떤 분포를 따르는지 살펴보자. 모집단과 표본의 크기가 아주 작을 때는 $\overline{X}$의 분포를 얻는 것은 어려운 일이 아니나 일반적으로는 그렇게 쉽지만은 않다. 그러나 다행스럽게도 모집단의 분포가 정규분포 $N(\mu, \sigma^2)$를 따르는 경우에 표본평균 $\overline{X}$의 분포도 표본의 크기 n에 관계없이 정규분포를 이루게 된다는 사실이 알려져 있다. 이는 표본평균의 분포를 나타내는데 널리 사용되는 사실이다. 정규 모집단은 무한 모집단이므로 비복원추출과 복원추출에 관계없이

$$E(\overline{X}) = \mu,\ Var(\overline{X}) = \frac{\sigma^2}{n}$$

이기 때문에 다음과 같이 정리할 수 있다.

■ 평균의 표본분포

모집단이 평균 μ, 분산 σ^2인 정규분포를 따를 때 크기 n인 임의표본을 추출하면 표본평균 $\overline{X}$는 정규분포 $N(\mu, \frac{\sigma^2}{n})$을 따른다.

또한, $Z = \frac{\overline{X} - \mu}{\sigma / \sqrt{n}}$의 분포는 표준정규분포 N(0,1)를 따른다.

예제 2

어떤 제품의 평균수명이 1000일이고 표준편차가 70일인 정규분포를 따른다고 한다. 이 제품을 임의로 100개를 추출하였을 때 평균수명이 980일 미만일 확률을 구하라.

풀이 제품의 평균수명을 확률변수 X라 하면 X는 $N(1000, 70^2)$을 따르므로 100개의 표본평균 $\overline{X}$도 평균이 1000일이고 분산이 $\frac{70^2}{100} = 7^2$인 정규분포를 따른다. 그러므로 구하려

는 확률은

$$P[\overline{X} < 980] = P\left[Z < \frac{979-1000}{7}\right] = P[Z < -3] = 1 - P[Z < 3] = 0.0013 \text{이다.}$$

■

8.3.2 비정규 모집단의 경우

8.3.1절의 내용은 모집단이 정규분포를 따르지 않을 때도 성립되는 일반적인 사실은 아니다. 즉 모집단의 분포가 정규분포를 따르지 않으면 표본평균은 정규분포를 따른다고 할 수 없다. 그렇다면 모집단이 정규분포를 따르지 않는다면 표본평균의 분포는 어떻게 될까? 모집단에서 추출한 표본의 크기가 충분히 클 때는 표본평균의 표본분포는 모집단의 분포에 관계없이 정규분포에 근사한다는 사실이 알려져 있다. 이러한 사실을 **중심극한정리(central limit theorem)**라고 부른다.

> **중심극한 정리**
>
> 평균이 μ이고 분산이 σ^2인 임의의 모집단으로부터 충분히 큰 크기 n의 임의표본을 뽑으면 모집단의 분포에 관계없이 표본평균 $\overline{X}$는 근사적으로 정규분포 $N(\mu, \frac{\sigma^2}{n})$을 따른다. 즉 n이 클 때 다음과 같이 된다.
>
> $$Z = \frac{\overline{X} - \mu}{\sigma/\sqrt{n}} \sim N(0,\ 1)$$

중심극한 정리에서 표본의 크기가 충분히 크다함은 $n \geq 30$을 의미한다.

예제 3

어떤 부품의 용접부위의 강도는 모평균이 8kg, 모분산이 10kg이다. 이 부품의 용접부위를 랜덤하게 40개 추출할 때 표본평균이 7kg이상 9kg 이하일 확률을 구하라.

풀이 모평균이 8kg, 모분산이 10kg이고 표본의 크기 n = 40이다. 모집단의 분포는 알려져 있지 않으나 표본의 크기가 충분히 크므로 중심극한정리에 의해 표본평균은 평균이 8kg이고 표준편차가 0.5kg인 정규분포를 따른다. 그러므로 구하려는 확률은

$$P[7 < \overline{X} < 9] = P\left[\frac{7-8}{0.5} < Z < \frac{9-8}{0.5}\right]$$
$$= P[-2 < Z < 2]$$
$$= 2(P[Z < 2] - 0.5) = 0.9544$$

이다.

8.4 비율의 표본분포

동일 모집단에서 가능한 모든 표본을 뽑아 구한 비율을 **표본비율**(sampling proportion)이라 하고, 표본비율 $\hat{p}$을 확률변수 $\frac{X}{n}$로 하여 구한 분포를 **비율의 표본분포**라 한다. 표본비율의 표본분포의 성질은 다음과 같다.

$$E(\hat{p}) = E\left(\frac{X}{n}\right) = \frac{1}{n}E(X) = \frac{1}{n} \times np = p$$

$$Var(\hat{p}) = Var\left(\frac{X}{n}\right) = \frac{1}{n^2}Var(X) = \frac{1}{n^2} \times npq = \frac{pq}{n}$$

만약 표본이 크기 n이 클 경우에는 X의 분포가 근사적으로 $N(np, npq)$를 따르므로 표본비율 $\hat{p}$의 분포는 중심극한정리에 의하여 정규분포 $N(p, \frac{pq}{n})$에 따른다. 이 때 $N(p, \frac{pq}{n})$의 표준화값 $Z = \frac{\hat{p} - p}{\sqrt{\frac{pq}{n}}} \sim N(0, 1)$이다.

여기서 표본평균은 n번 베르누이 시행에서 성공횟수의 비율만을 나타내고 성공의 모비율(population proportion)은 p로 나타내기 때문에 표본비율을 나타내는데 $\overline{X}$ 대신에 보통 $\hat{p}$을 이용한다. 이러한 사실을 요약하면 다음과 같다.

> n번의 베르누이 시행에서 성공횟수의 표본비율 $\hat{p}$은 이 충분히 클 때 근사적으로 $N(p, \frac{p(1-p)}{n})$을 따르게 된다. 그리고 다음 통계량 Z는 근사적으로 $N(0,1)$을 따르게 된다.

$$Z=\frac{\hat{p}-p}{\sqrt{\frac{p(1-p)}{n}}}$$

예제 4

어느 도시에서 겨울에 전기장판을 사용하는 가구는 전체의 70%라 한다. 100가구를 임의로 추출하여 조사하였을 때 전기장판을 사용하는 가구가 60%이하일 확률을 구하라.

풀이 n=100, p=0.7이므로

표본비율 $\hat{p}$은 평균이 0.7, 표준편차는 $\sqrt{\frac{0.7\times 0.3}{100}}=0.0458$인 정규분포를 따른다.

그러므로 구하려는 확률은

$$\begin{aligned}P[\hat{p}\le 0.6] &= P\left[Z\le \frac{0.6-0.7}{0.0458}\right]\\ &= P[Z\le -2.18]\\ &= 1-P[Z<2.18]\\ &= 0.0146\end{aligned}$$

이다. ■

8.5 카이제곱분포

카이제곱분포는 정규모집단의 분산의 추정과 검정에서 사용될 뿐만이 아니라 통계적 자료분석에서 중요한 역할을 하고 있는 분포이다. χ^2이란 평균이 μ이고 분산이 σ^2인 정규모집단에서 추출한 표본크기 n이 가능한 확률표본 $X_1, \cdots, X_n$을 표준화시킨 Z의 제곱의 합이다. 즉, 확률변수 $Z_1, \cdots, Z_n$이 서로 독립이고, 각각 평균이 0이고, 분산이 1인 표준정규분포 $N(0,1)$을 따른다고 할 때 다음과 같이 이들의 제곱의 합을 일반적으로 χ^2(카이제곱)으로 나타낸다.

$$\chi^2 = Z_1^2+\cdots+Z_n^2$$

여기에 대응하는 분포를 **자유도**(degree of freedom) n인 **카이제곱분포**(chi-square distribution)

라 한다. 이를 기호로 다음과 같이 나타낸다.

$$Z_1^2 + \cdots + Z_n^2 \sim \chi^2(n)$$

또, 카이제곱분포는 다음과 같이 정의하기도 한다. 정규분포 $N(\mu, \sigma^2)$을 따르는 모집단에서 추출한 표본을 $X_1, \cdots, X_n$이라 하자. 그러면 다음 분포는 $n-1$의 자유도를 갖는 카이제곱분포가 된다.

$$\chi^2 = \frac{\sum_{i=1}^{n}(X_i - \overline{X})^2}{\sigma^2} = \frac{(n-1)s^2}{\sigma^2}$$

정규분포와 달리 카이제곱분포의 형태는 오른쪽으로 긴 꼬리를 갖는 비대칭곡선이고 자유도 n의 크기에 따라 변하며, 이를 그림으로 나타내면 다음과 같다.

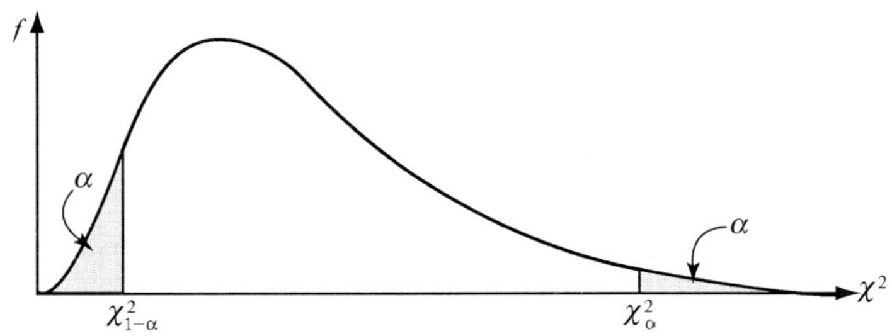

[그림 8.1] χ^2 분포

부록의 표에는 α값과 여러 가지 자유도의 값에 대한 카이제곱분포의 분포표가 주어져 있다. 이 표를 이용하여 다음 예제를 풀 수 있다.

예제 5

확률변수 X가 자유도 4인 카이제곱분포를 따른다고 할 때

$$P[X \geq x] = 0.025$$

가 성립하는 x의 값을 구하라.

풀이 자유도는 4, $\alpha = 0.025$이므로 부록의 카이제곱 표로부터 자유도 4인 행과 확률이 0.025인 열과의 교차점이 구하고자 하는 x이다. 따라서 다음을 얻는다.

$$x = \chi^2(4, 0.025) = 11.1$$

■

다음은 카이제곱분포의 중요한 성질이다.

카이제곱분포의 성질

1. 카이제곱분포의 형태는 자유도 n의 크기에 따라 변한다.
2. 카이제곱분포의 가법성 : $X_1, \cdots, X_n$이 자유도 $k_1, \cdots, k_n$인 카이제곱분포를 따르고 $X_1, \cdots, X_n$이 서로 독립이면 $Y = \sum_{i=1}^{n} X_i$은 자유도 $\sum_{i=1}^{n} k_i$인 카이제곱분포를 따른다.

8.6 t분포

정규분포 $N(\mu, \sigma^2)$을 따르는 모집단에서 랜덤하게 확률표본을 $X_1, \cdots, X_n$의 표본평균 $\overline{X}$에 대하여 다음과 같은 분포가 성립한다.

$$\overline{X} \sim N(\mu, \frac{\sigma^2}{n}), \text{ 즉, } \frac{\overline{X} - \mu}{\frac{s}{\sqrt{n}}} \sim N(0, 1)$$

여기서 μ에 관한 통계적 추론을 하고자 할 때 모수 σ가 미지이므로 σ 대신에 표준편차 s를 대입하여 표준화한 확률변수

$$t = \frac{\overline{X} - \mu}{\frac{s}{\sqrt{n}}}$$

의 분포는 $n-1$의 자유도를 갖는 t분포(t-distribution)를 따른다.

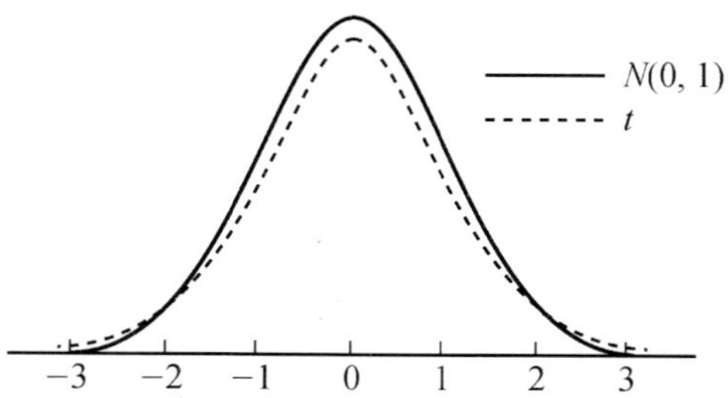

[그림 8.2] 표준정규분포와 자유도 5인 t분포의 비교

t분포는 표준정규분포와 마찬가지로 0을 중심으로 좌우대칭이지만 표준정규분포에 비하면 두터운 꼬리를 갖는 것이 특징이다. 그리고 자유도가 커질수록 t분포는 표준정규분포에 가까워진다. 다시 말해서, n이 상당히 크면 $\dfrac{\overline{X}-\mu}{\frac{s}{\sqrt{n}}}$는 표준정규분포에 매우 가깝게 된다.

예제 6

확률변수 T가 자유도 10인 t분포를 따른다고 할 때 $P[T>t_0]=0.05$를 만족시키는 t_0를 구하라.

풀이 자유도는 10, $\alpha=0.05$이므로 부록의 t분포표로부터 자유도 10인 행과 확률이 0.05인 열과의 교차점이 구하고자 하는 t_0이다. 따라서 $t_0=t_{0.05}(10)=1.812$이다. ■

t분포의 성질

1. t분포는 카이제곱분포와 같이 자유도 n에 따라 분포의 형태가 달라진다.
2. t분포는 모평균, 모평균의 차, 또는 회귀계수의 추정이나 검정에 쓰인다.
3. 표본의 크기 n이 작을 때, 즉 $n<30$인 경우에 주로 t분포를 이용한다.

8.7 F분포

F분포는 추측통계학분야에서 널리 이용되는 분포로서 정규분포를 이루는 두 개의 모집단에서 추출한 서로 독립인 임의표본을 각각 $X_1, \cdots, X_n$과 $Y_1, \cdots, Y_n$라 하고 s_1^2과 s_2^2을 각각 임의표본에서의 표본분산이라 하자. 그러면 다음 분포는 n_1-1과 n_2-1의 자유도를 갖는 F분포(F-distribution)라 한다.

$$F=\frac{s_1^2/\sigma_1^2}{s_2^2/\sigma_2^2}=\frac{S_1^2}{S_2^2}\cdot\frac{\sigma_1^2}{\sigma_2^2}=\frac{\sum_{i=1}^{n}(X_i-\overline{X})^2/(n_1-1)\sigma_1^2}{\sum_{i=1}^{n}(Y_i-\overline{Y})^2/(n_2-1)\sigma_2^2}$$

만일 동일 모집단이라면 $\frac{\sigma_2^2}{\sigma_1^2} = 1$ 이 되어 $F = \frac{S_2^2}{S_1^2}$ 이 된다.

F분포 역시 카이제곱분포나 t분포처럼 자유도에 따라 그 분포형태가 다르지만 χ^2분포와 비슷하게 오른쪽으로 긴 꼬리를 가진 비대칭의 분포이며 대체적인 형태는 그림 8.3과 같다.

확률변수 F가 자유도 (k_1, k_2)인 F분포를 따를 때

$$P[F \geq f] = \alpha$$

가 성립하는 f의 값을 자유도 (k_1, k_2)인 F분포에서의 $100(1-\alpha)\%$ 백분위수 또는 상위 $100\alpha\%$ 백분위수라 하며 $F(k_1, k_2; \alpha)$로 나타낸다. 하위 백분위수를 구하기 위해서 F에 역수를 취하는데 $F^* = \frac{1}{F}$은 F와 같은 구조를 갖지만 자유도는 (k_2, k_1)으로 바뀐다.

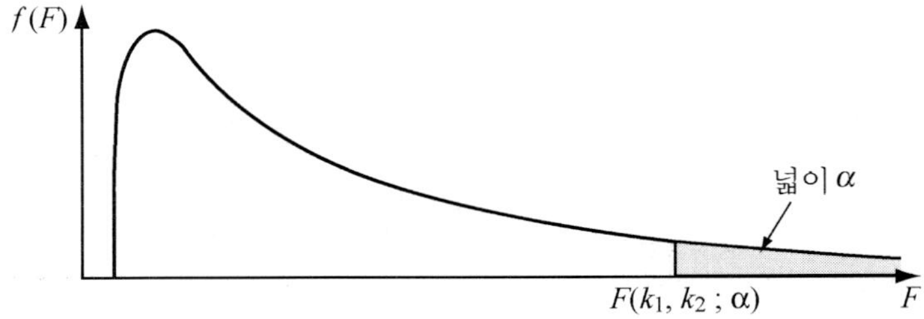

[그림 8.3] F 분포의 그래프

하위 백분위수와 상위 백분위수의 관계와 t분포와 F분포와의 중요한 관계를 정리하면 다음과 같다.

■ 분포의 성질

1. 확률변수 F가 자유도 (k_1, k_2)인 F분포를 따를 때 다음이 성립한다.

$$1 = \frac{\text{자유도}\,(k_2, k_1)\text{인 } F\text{분포의 하위 } 100\alpha\%\text{ 백분위수}}{\text{자유도}\,(k_1, k_2)\text{인 } F\text{분포의 상위 } 100\alpha\%\text{ 백분위수}}$$

즉,

$$F(k_2, k_1; 1-\alpha) = \frac{1}{F(k_1, k_2; \alpha)}$$

2. t가 자유도 n인 t분포를 할 때 t^2은 자유도 $(1, n)$인 F분포를 한다.

부록의 표에는 α값과 여러 가지 자유도의 값에 대한 F분포의 분포표가 주어져 있다. 이 표와 F분포의 성질을 이용하여 다음과 같은 예제를 풀 수 있다.

예제 7

확률변수 F가 자유도 (4, 2)인 F분포를 따를 때 다음의 물음에 답하라.

(1) $P[F \geq f] = 0.10$가 되는 f의 값을 구하라.

(2) $F(2, 4, ; 0.90)$을 구하라.

풀이 (1) 부록의 F분포표로부터 $k_1 = 4,\ k_2 = 2,\ \alpha = 0.10$ 에 해당하는 f값을 찾는다. 그러므로 $f = 9.24$이다.

(2) $F(4, 2, ; 0.10) = 9.24$이므로 F 분포의 성질을 이용하면 다음을 얻는다.

$$F(2, 4, ; 0.90) = \frac{1}{F(4, 2, ; 0.10)} = \frac{1}{9.24} ≒ 0.108$$

예제 8

부록의 F 분포표를 이용하여 다음을 구하라.

(1) 자유도가 (10, 5)일 때 F분포의 상위 1% 백분위수

(2) 자유도가 (5, 10)일 때 F분포의 하위 1% 백분위수

풀이 (1) 부록의 F분포표로부터 $k_1 = 10,\ k_2 = 5,\ \alpha = 0.01$ 에 해당하는 f값을 찾는다. 그러므로 $f = 10.05$이다. 따라서 자유도가 (10, 5)일 때 상위 1% 백분위수는 10.05이다.

(2) F분포의 성질로부터 $F(5, 10 : 0.99) = \dfrac{1}{F(10, 5 : 0.01)} = \dfrac{1}{10.05} ≒ 0.099$이다.

연습문제

1. 어느 병원에서 의사 한 사람당 소요하는 시간은 평균이 5.4분이고 표준편차가 2.5분이라고 한다. 환자 100명을 추출하여 조사했을 때 환자 한명당 소오된 평균시간이 6분 이상 소요될 확률을 구하라.

2. 모평균이 10, 모분산이 4인 정규모집단으로부터 추출한 크기 36인 표본평균은 어느 분포에 근사해지는가?

① $N\left(10, \frac{4}{9}\right)$ ② $N(10, 4)$ ③ $N\left(10, \frac{1}{9}\right)$

④ $N\left(10, \frac{1}{4}\right)$ ⑤ $N\left(11, \frac{1}{9}\right)$

3. 어느 회사에 200명의 사원이 있다 이들 사원의 한달 용돈 사용액을 조사하였더니 평균 250,000원, 표준편차 100,000원이었다. 50명의 사원을 비복원추출로 뽑았을 때 이들 사원의 평균 용돈이 270,000원 이상일 확률은 얼마인가?

4. 확률표본 n=16 으로 얻은 평균의 표준편차가 5일 때 이 표준편차를 반으로 줄이기 위해서는 표본의 크기를 얼마로 해야 하는가?

5. 확률변수 Z가 표준정규분포를 따를 때 $T = \frac{Z}{\sqrt{\chi^2(n)/n}}$ 은 무슨 분포를 따르는가?

6. 정규모집단 $N(0,1)$에서 크기 n 인 표본 $X_1, X_2, \cdots, X_n$에 대한 통계량 $Z_1^2 + Z_2^2 + \cdots + Z_n^2$은 카이제곱분포를 따른다. 이 때 자유도는?

7. 어느 상인이 농장에서 수박을 직접 사다가 파는데 파는 동안 보통 10%가 상해서 버린다고 한다. 만약 이 상인이 100통의 수박을 구입하여 파는 경우 17%이상이 상해서 버릴 확률은 얼마인가?

8. $X_1, X_2, \cdots, X_{30}$는 자유도가 1인 χ^2 분포로부터 확률표본이며 $E(X_i) = 1,\ V(X_i) = 2$라 한다. 다음 물음에 답하라.

(1) $Y = \sum_{i=1}^{30} X_i$는 어떤 분포를 따르는가?

(2) $P[Y \leq 34.80]$을 중심극한정리에 의해 근사시키시오.

9. 어느 공장에서 만드는 제품의 불량률은 10%라고 한다. 제품을 10개씩 뽑아서 표본마다 불량률을 조사할 때에 이 분포의 기댓값과 표준편차는 얼마인가?

제9장 추정

■ **본장의 개요**

일상생활에서 미래를 예측하거나 어떤 결정을 내려야 하는 경우가 흔히 있다. 이를 위하여 관심의 대상인 모집단으로부터 표본을 추출하여 모수에 대응하는 것들을 연구하고 모수에 대한 정보를 얻는다. 그리하여 좀 더 근거 있는 여러 상황을 고려하고 가장 타당한 과학적 근거에 따라 결론을 얻어야 할 것이다. 이때 사용되는 과정이 통계적 추론이다. 다시 말해서 통계적 추론이란 모집단으로부터 표본을 추출하여 자료를 얻고 이 자료를 이용하여 모집단의 미지의 값을 추측하거나 결정하는 과정을 말한다. 통계적 추론은 크게 추정과 가설검정의 두 분야로 분류된다. 추정은 모집단에서 추출한 표본의 데이터를 이용하여 모집단의 어떤 미지의 값을 추측하는 과정을 말하고 가설검정이란 모집단에서 추출한 표본을 이용하여 모집단에 대한 가설을 세우고 이 가설의 채택이나 기각을 결정하는 과정을 말한다.

9.1 점 추정

모집단의 특성을 추정하는 방법은 두 가지가 있는데하나는 어떤 특정한 값으로 모수를 추정하는 **점추정**(point estimation)과 다른 하나는 모수가 어떤 구간내에 있으리라 생각되는 **구간추정**(interval estimation)이 있다.

9.1.1 추정량과 그 성질

점 추정은 모집단의 미지의 모수 θ를 추측하기 위하여 표본의 데이터로부터 단일의 값을 추정하는 것으로 점추정에서는 추정량이 추정해야 할 미지의 모수에 일치하든지 또는 가능한 한 모수에 접근하는 통계량이 되지 않으면 안 된다. 하나의 추정치가 바로 통계량이기 때문이다. 미지 모수 θ로써 특징지어지는 모집단으로부터의 임의표본을 $X_1, \cdots, X_n$ 이라 하자. 이때 모수 θ의 추정에 사용되는 통계량 $\hat{\theta}(X_1, \cdots, X_n)$ 을 θ의 **추정량**이라 하고, 어떤 특정한 한 표본에서 구한 추정량의 관측 값 $\hat{\theta}(x_1, \cdots, x_n)$ 을 θ의 **추정값**이라 한다. 즉 추정량은 확률변수이고 측정값은 하나의 주어진 표본에서 계산된 추정량의 값이다.

> **추정량과 추정값**
>
> 표본의 데이터부터 미지의 모수 θ를 추정하기 위하여 이용되는 통계량 $\hat{\theta}$ $(X_{1,} X_{2,} \cdots, X_n)$ 을 θ의 추정량이라 하고, 추정량 $\hat{\theta}$의 측정값 $\hat{\theta}(x_{1,} x_{2,} \cdots, x_n)$ 을 θ의 추정값이라 한다.

어떤 추정량 $\hat{\theta}$ 의좋고 나쁨은 추정량의 표본분포가 모수 θ 주위에 어떤 형태로 나타나는가에 따라서 결정된다. 좋은 추정량이 되기 위해서 추정량이 가져야 하는 바람직한 성질로는 불편성, 유효성, 일치성, 충분성 등을 들 수 있다. 이제 네 가지 성질에 대해서 자세히 알아보자.

(1) 불편성

추정량 $\hat{\theta}(X_1, \cdots, X_n)$ 의 분포가 참값 θ를 중심으로 이루어지면 바람직하다.

불편성은 추정량의 분포에서 중심 위치에 대하여 요구되는 성질로서 다음과 같이 정의된다.

■ 불편성

모수 θ의 모든 값에 대하여 $E(\hat{\theta}) = \theta$이면 $\hat{\theta}(X_1, \cdots, X_n)$ 을 θ의 **불편추정량**이라 한다.

예를 들어 $E(\overline{X}) = \mu$ 라면 표본평균 $\overline{X}$는 μ의 불편추정량이다.

불편 추정량이 아닌 추정량을 편의추정량이라 하며, $\hat{\theta}$ 이 θ의 편의추정량이면 $b(\hat{\theta}) = E(\hat{\theta}) - \theta$

를 편의라 한다.

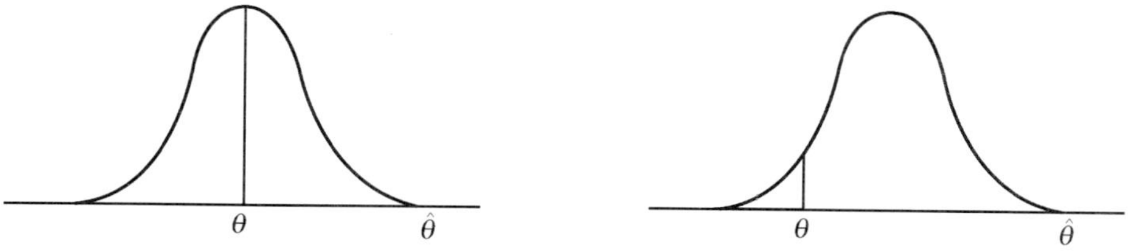

(1) 불편추정량 (2) 편의추정량

[그림 9.1] 불편추정량과 편의추정량의 분포

예제 1

미지의 모평균 μ를 가지는 모집단으로부터 크기 3인 확률표본 X_1, X_2, X_3을 추출하여, 모평균에 대한 추정량을 다음과 같이 정의하였다. 각 추정량의 불편추정량과 편의 추정량을 구하여라.

$$\widehat{\mu_1}=\frac{1}{3}(X_1+X_2+X_3),\ \widehat{\mu_2}=\frac{1}{4}(X_1+2X_2+X_3),\ \widehat{\mu_3}=\frac{1}{5}(X_1+2X_2+X_3)$$

풀이 각 추정량의 기댓값을 구하면,

$$E(\widehat{\mu_1})=\frac{1}{3}E(X_1+X_2+X_3)=\mu,$$

$$E(\widehat{\mu_2})=\frac{1}{4}E(X_1+2X_2+X_3)=\mu,$$

$$E(\widehat{\mu_3})=\frac{1}{5}E(X_1+2X_2+X_3)=\frac{4}{5}\mu,$$

이다. 따라서, $\widehat{\mu_1}$과 $\widehat{\mu_2}$는 불편추정량이고 $\widehat{\mu_3}$는 편의 추정량이다. ■

예제 2

표본분산 S^2이 다음과 같을 때, S^2은 모분산 σ^2에 대한 불편추정량임을 보여라.

$$S^2=\frac{1}{n-1}\left[\sum_{i=1}^{n}[(X_i-\mu)^2-n(\overline{X}-\mu)^2\right]$$

풀이 표본분산 S^2의 기댓값은 다음과 같다.

$$\begin{aligned} E(S^2) &= \frac{1}{n-1} E\left[\sum_{i=1}^{n} [(X_i-\mu)^2 - n(\overline{X}-\mu)^2\right] \\ &= \frac{1}{n-1}\left[\sum_{i=1}^{n} E[(X_i-\mu)^2] - nE[(\overline{X}-\mu)^2]\right] \\ &= \frac{1}{n-1}[n\sigma^2 - n\,Var(\overline{X})] \\ &= \frac{1}{n-1}(n\sigma^2 - \sigma^2) \\ &= \sigma^2 \end{aligned}$$

이고, 표본분산 S^2은 모분산 σ^2에 대한 불편추정량이다.

(2) 유효성

불편추정량 $\hat{\theta}$가 더 바람직한 추정량이 되기위해서는 모수 θ에 더욱 집중되어 있어야 한다. 즉, 모수 θ에 대한 모든 불편추정량들 중에서 분산이 제일 작은 불편추정량이 바람직 하다. 불편추정량의 분포에서 중심위치에 대해 $\hat{\theta}$의 표준오차가 작은 추정량을 유효(efficiency)하다고 한다.

유효성

모수 θ에 대한 두 불편추정량을 $\hat{\theta}_1, \hat{\theta}_2$라 하고 각각의 분산을 $Var(\hat{\theta}_1)$, $Var(\hat{\theta}_2)$라 할 때 $Var(\hat{\theta}_1) < Var(\hat{\theta}_2)$이면 추정량 $\hat{\theta}_1$은 $\hat{\theta}_2$보다 더 **유효한 추정량**이라 한다.

또, 모수 θ의 가능한 모든 불편추정량 중에서 가장 작은 분산을 가진 추정량을 최량유효추정량 또는 최소분산불편추정량이라 한다.

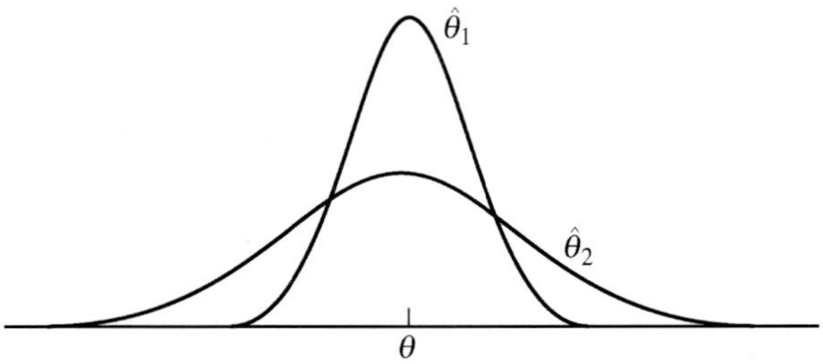

[그림 9.2]

예제 3

예제 1의 불편추정량들 중에서 유효추정량을 구하여라.

풀이 불편추정량은 $\widehat{\mu_1}$과 $\widehat{\mu_2}$이고, 이 불편추정량들에 대한 분산을 구하면 다음과 같다.

$$\begin{aligned} Var(\widehat{\mu_1}) &= \frac{1}{9} Var(X_1 + X_2 + X_3) \\ &= \frac{1}{9}[Var(X_1) + Var(X_2) + Var(X_3)] = \frac{1}{3}\sigma^2 \end{aligned}$$

$$\begin{aligned} Var(\widehat{\mu_2}) &= \frac{1}{16} Var(X_1 + 2X_2 + X_3) \\ &= \frac{1}{16}[Var(X_1) + 4\,Var(X_2) + Var(X_3)] = \frac{3}{8}\sigma^2 \end{aligned}$$

이다. 따라서

$$Var(\widehat{\mu_1}) \le Var(\widehat{\mu_2})$$

이므로 유효성을 갖는 불편추정량은 $\widehat{\mu_1}$이다.

(3) 일치성

표본의 크기가 매우 크다면 추정값은 참값에 매우 가까운 값을 거의 항상 얻을 수 있다. 즉, 표본크기 n이 커질수록 추정량 $\hat{\theta}$가 모수θ에 가까워진다는 것을 일치성이라 하며 이 때 이러한 성질을 가진 추정량을 **일치추정량**이라고 한다.

일치성

모집단으로부터 크기 n인 표본을 추출하여 나온 추정량을 $\widehat{\theta_n} = \hat{\theta}(X_1, \cdots, X_n)$ 라 할 때 모수 θ와 임의의 양수 ϵ에 대하여

$$\lim_{n\to\infty} P(|\widehat{\theta_n} - \theta| < \epsilon) = 1$$

이 성립하면 $\widehat{\theta_n}$을 θ의 **일치추정량**이라 한다.

예를 들면 표본평균 $\overline{X}$는 모평균의 불편추정량이다. 그런데 분산이 $V(\overline{X}) = \dfrac{\sigma^2}{n}$ 이므로 $n\to\infty$ 이면 $V(\overline{X}) = 0$ 이기 때문에 $\overline{X}$와 μ는 일치하게 된다. 따라서 표본평균 $\overline{X}$는 μ의 일

치추정량이다.

추정량의 일치성을 밝히는 데는 다음의 체비셰프의 부등식이 매우 유용하게 쓰인다.

체비셰프의 부등식

확률변수 X의 평균과 분산을 각각 μ와 σ^2이라 할 때 임의의 양수 k에 대하여 다음 부등식이 성립한다.

$$P(|X-\mu| \geq k) \leq \frac{\sigma^2}{k^2} \quad \text{또는} \quad P(|X-\mu| < k) \geq 1-\frac{\sigma^2}{k^2}$$

(4) 충분성

추정량 $\hat{\theta}$을 사용하여 표본으로부터 모수 θ에 대한 정보를 모두 얻을 수 있다면 추정량 $\hat{\theta}$을 θ의 충분추정량이라 한다. 즉 충분추정량을 사용하면 다른 추정량은 θ에 대해 더 이상의 정보를 주지 못하므로 이 추정량 하나로 충분하게 된다. 그러나 이와 같은 충분성의 개념은 기초 통계학에서는 이해하기 힘든 것이다.

위의 네 가지 성질을 모두 만족하는 가장 적합한 추정량을 최우추정량이라 하는데 최우추정량에는 다음과 같은 것이 있다.

모수	최우추정량
모 평균(μ)	표본평균 $\overline{X}$
모 분산(σ^2)	표본분산 $\frac{\sum(X_i-\overline{X})^2}{n-1}$
모 비율(p)	표본비율 $\frac{X}{n}$

9.1.2 모 평균의 추정

모평균 μ의 점추정량으로는 표본평균, 표본중앙값, 표본최빈수 등 여러 통계량이 있으나 일반적으로 표본평균이 모평균 μ의 추정량으로 가장 적합하다.

무한 모집단의 경우에 모집단의 평균이 μ이고 분산이 σ^2일 때 표본평균 $\overline{X}$에 대하여 다음이 성립한다.

$$E(\overline{X})=\mu,\quad sd(\overline{X})=\sigma/\sqrt{n},\quad S.E(\overline{X})=\sigma/\sqrt{n}$$

위의 첫 번째 결과는 모 평균 μ의 추정량인 $\overline{X}$의 기대값은 다시 μ가 된다는 사실을 보여준다. 따라서 표본평균 $\overline{X}$는 모 평균 μ의 불편추정량이고 표준오차가 $\sigma/\sqrt{n}$ 임을 보여준다. 모 표준편차 σ를 모를 경우에는 표준오차의 공식 $\sigma/\sqrt{n}$ 를 계산하는데 어려움이 있으므로 모 표준편차 σ의 추정 값을 이용해야 한다. σ의 추정량으로는 표본표준편차 s를 사용한다. 따라서 표준오차의 추정량은 $s/\sqrt{n}$ 가 된다.

모 평균의 점 추정

(1) 추정량 : 표본평균 $\hat{\mu}=\overline{X}=\dfrac{\sum_{i=1}^{n}X_i}{n}$

(2) 추정량의 표준오차 (σ가 기지일 때) : $S.E.(\hat{\mu})=\sigma/\sqrt{n}$

(3) 추정량의 표준오차 (σ가 미지일 때) : $S.E.(\hat{\mu})=s/\sqrt{n}$

예제 4

모표준편차가 0.2인 정규모집단에서 10개의 자료를 표본으로 추출하여 다음과 같은 결과를 얻었다.

0.27 0.34 0.34 0.36 0.28 0.41 0.35 0.48 0.43

10개의 자료에 대한 평균 μ를 추정하고 표준오차를 구하여라.

풀이 먼저 평균을 구하면

$$\begin{aligned}\hat{\mu}&=\overline{x}\\&=\frac{1}{10}(0.27+0.34+0.34+0.36+0.28+0.41+0.35+0.48+0.43)\\&=0.356\end{aligned}$$

따라서 모평균의 추정값은 0.356이고, 표준오차의 추정값은 다음과 같다.

$$\frac{0.2}{\sqrt{10}}=0.063$$

9.1.3 모 분산의 추정

모 분산은 모집단의 분포가 흩어져 있는 정도를 나타내는 양으로 표본분산, 평균편차, 범위 등의 통계량을 모 분산에 대한 정보를 나타내는 데 이용할 수 있다.

이 중 가장 많이 사용되는 표본분산을 다음과 같이 정의한다.

$$s^2 = \frac{1}{n-1}\sum_{i=1}^{n}(X_i - \overline{X})^2$$

이 사실로부터 다음 식이 성립함을 알 수 있다.

$$\begin{aligned} E(s^2) &= \frac{1}{n-1}E[\sum_{i=1}^{n}(X_i - \overline{X})^2] = \frac{1}{n-1}E[\sum_{i=1}^{n}(X_i - \mu) - (\overline{X} - \mu)^2] \\ &= \frac{1}{n-1}E[\sum_{i=1}^{n}(X_i - \mu)^2 - n(\overline{X} - \mu)^2] = \frac{1}{n-1}[n\sigma^2 - \sigma^2] \\ &= \frac{1}{n-1}(n-1)\sigma^2 = \sigma^2 \end{aligned}$$

위의 식이 성립하므로 표본분산 s^2은 모 분산 σ^2의 불편추정량이다.

모 분산의 점 추정

(1) 모분산의 추정량 : $\widehat{\sigma^2} = s^2 = \frac{1}{n-1}\sum_{i=1}^{n}(X_i - \overline{X})^2$

(2) 모표준편차의 추정량 : $\hat{\sigma} = s = \sqrt{\frac{\sum_{i=1}^{n}(X_i - \overline{X})^2}{n-1}}$

9.1.4 모 비율의 추정

불량률, 실업률, 지지율과 같이 모집단에서 어떤 특정한 속성을 가진 것의 비율 p를 모 비율이라 한다. 이와 같은 모 비율에 대해 알고자 할 때는 모 비율 p를 모수로 하는 이항분포가 이용된다. 모집단에서 크기가 n인 표본을 임의 추출할 때 이 표본에서 특정한 속성을 가진 것의 개수를 X라고 하자. 그러면 표본비율은 $\hat{p} = \frac{X}{n}$이고 $\hat{p} = \frac{X}{n}$를 모 비율 p의 추정량으로 생각 할 수 있다.

실제로 X는 이항분포 $B(n, p)$를 따르므로 $E(X)=np$, $Var(X)=npq$가 성립한다.

여기서 $q=1-p$이다.

따라서 표본비율 $\hat{p}=\dfrac{X}{n}$에 대하여 다음이 성립한다.

$$E(\hat{p})=\frac{1}{n}E(X)=\frac{np}{n}=p$$

$$Var(\hat{p})=\frac{1}{n^2}Var(X)=\frac{pq}{n}$$

위의 사실로부터 $\hat{p}$은 p의 불편추정량이며 추정량의 표준오차는 $S.E.(\hat{p})=\sqrt{\dfrac{pq}{n}}$ 임을 알 수 있다. 그러나 p와 q가 미지이므로 표준오차의 추정량은 p와 q 대신에 각각 이것들의 추정량 $\hat{p}$와 $\hat{q}=1-\hat{p}$을 대입하여 구할 수 있다. 즉, 표준오차의 추정량은 $\widehat{S.E.(\hat{p})}=\sqrt{\dfrac{\hat{p}\hat{q}}{n}}$ 이다.

비율의 점 추정

(1) 추정량 : 표본비율 $\hat{p}=\dfrac{X}{n}$

(2) 표준오차 : $S.E.(\hat{p})=\sqrt{\dfrac{pq}{n}}$

(3) 표준오차의 추정량 : $\widehat{S.E.(\hat{p})}=\sqrt{\dfrac{\hat{p}\hat{q}}{n}}$

예제 5

어느 지역 고등학교 학생 중 안경을 착용한 학생들의 비율을 추정하기 위해 이 지역 고등학교 성별 구성비에 따라 남학생 600명, 여학생 400명을 각각 무작위로 추출하여 조사하였더니 남학생 중 240명 여학생 중 60명이 안경을 착용한다는 조사결과를 얻었다. 이 지역 전체 고등학생 중 안경을 착용한 학생들의 비율에 대한 추정값을 구하여라.

풀이 주어진 자료에서 $n=1000$이고 안겨을 착용한 학생은 남학생, 여학생 합쳐 300명 이므로 안경을 착용한 학생들의 비율은 $\hat{p}=\dfrac{300}{1000}=0.3$ 이다.

■

9.2 구간 추정

구간추정이란 표본으로부터 미지인 모수의 참값이 속할 것으로 예상되는 구간을 추정하는 방법을 말한다. 구간추정 법은 점 추정의 단점을 보완하여 점 추정에 오차의 개념을 포함시킨 추정법이다.

$\widehat{\theta_1}$과 $\widehat{\theta_2}$을 표본으로부터 계산한 미지모수 θ의 추정량이라 하고, 주어진 양수 $\alpha(0 < \alpha < 1)$에 대하여 $P[\widehat{\theta_1} < \theta < \widehat{\theta_2}] = 1-\alpha$가 성립할 때 구간 $(\widehat{\theta_1}, \widehat{\theta_2})$을 θ의 $100(1-\alpha)\%$ 신뢰구간이라 하고 $(1-\alpha)$를 신뢰수준 또는 신뢰도라 한다. 또 $\widehat{\theta_1}$을 신뢰하한, $\widehat{\theta_2}$ 신뢰상한이라 한다.

9.2.1 모 평균의 구간추정

모평균 μ의 구간추정에 대하여 알아보기 위하여 먼저 $\overline{X}$의 분포를 살펴보자. 이는 이미 8장에서 살펴보았다. 즉 σ가 기지의 표준편차이고 표본의 크기 n이 충분히 크면 중심극한정리에 따라서 $\overline{X}$는 근사적으로 정규분포 $N(\mu, \frac{\sigma^2}{n})$를 따른다. 여기서 표본의 크기가 크다함은 대체적으로 $n \geq 30$임을 말한다. 이것은 모집단의 분포가 정규분포를 따르지 않더라도 표본의 크기가 충분히 큰 경우에 따르는 분포를 뜻한다. 그러나 모집단이 정규분포를 따를 때는 표본의 크기에 관계없이 정규분포를 따른다. 위의 사실을 정리하면 다음과 같다.

모집단이 정규분포를 따를 때 또는 표본의 크기가 충분히 큰 경우에 $\overline{X}$는 정규분포를 따르며 $\overline{X}$를 표준화시킨 Z 통계량 $Z = \dfrac{\overline{X}-\mu}{\sigma/\sqrt{n}}$은 표준정규분포 $N(0,1)$을 따른다.

부록의 정규분포표로부터 다음이 성립한다.

$$P[-1.96 < Z < 1.96] = 2P[0 < Z < 1.96] = 0.95$$

여기서 $-1.96 < Z < 1.96$을 변형하면 다음이 된다.

$$-1.96 < \frac{\overline{X}-\mu}{\sigma/\sqrt{n}} < 1.96$$

즉, $\overline{X} - 1.96\dfrac{\sigma}{\sqrt{n}} < \mu < \overline{X} + 1.96\dfrac{\sigma}{\sqrt{n}}$ 이므로 다음이 성립한다.

$$P[\overline{X} - 1.96\frac{\sigma}{\sqrt{n}} < \mu < \overline{X} + 1.96\frac{\sigma}{\sqrt{n}}] = 0.95$$

L과 U를 $L=\overline{X}-1.96\frac{\sigma}{\sqrt{n}}$, $U=\overline{X}+1.96\frac{\sigma}{\sqrt{n}}$로 놓자. 그러면

$$P[\overline{X}-1.96\frac{\sigma}{\sqrt{n}}<\mu<\overline{X}+1.96\frac{\sigma}{\sqrt{n}}]=0.95$$

는 구간 (L, U)가 0.95의 확률로 모 평균 μ를 포함할 것이란 뜻이다. 표준편차 σ는 기지의 수이기 때문에 표본의 자료값으로부터 L과 U를 계산할 수 있다.

일반적으로, n이 충분히 크고 σ가 기지의 수이면 모 평균 μ의 $100(1-\alpha)\%$ 신뢰구간은 다음과 같다.

$$(\overline{X}-z_{\alpha/2}\frac{\sigma}{\sqrt{n}}, \overline{X}+z_{\alpha/2}\frac{\sigma}{\sqrt{n}})$$

여기서 $z_{\alpha/2}$는 표준정규 확률변수 Z에 대하여 $P[Z>z_{\alpha/2}]=\frac{\alpha}{2}$를 만족하는 점이다.

즉 그림에 나타난 대로 표준정규분포에서 오른쪽 꼬리의 면적이 $\frac{\alpha}{2}$인 점이 $z_{\alpha/2}$ 이다.

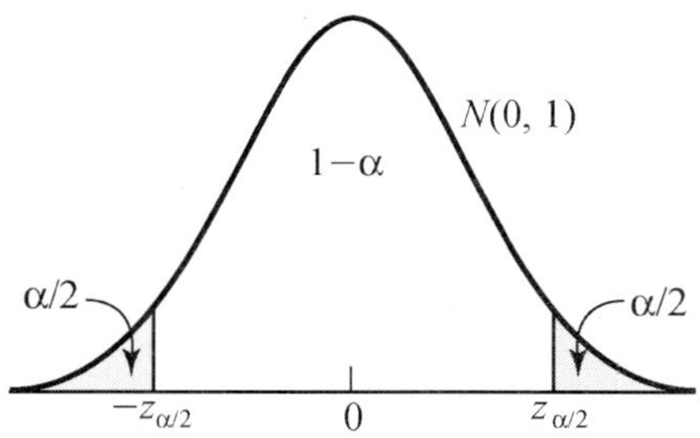

[그림 9.3]

위에서 신뢰구간을 간단히 $\overline{X}\pm z_{\alpha/2}\frac{\sigma}{\sqrt{n}}$로 쓰기도 하며, 이는 일반적으로 다음과 같은 꼴로 주어진다.

$$(\mu\text{의 추정량})\pm z_{\alpha/2}(\text{추정량의 표준오차})$$

특별한 한 표본에서의 평균을 $\overline{x}$라 하면 $(\overline{x}-z_{\alpha/2}\frac{\sigma}{\sqrt{n}}, \overline{x}+z_{\alpha/2}\frac{\sigma}{\sqrt{n}})$가 μ의 $100(1-\alpha)\%$ 신뢰구간이 된다. 이것을 정리하면 다음과 같다.

표본의 크기가 크고 모 분산 σ^2이 기지일 때의 모 평균 μ의 $100(1-\alpha)\%$ 신뢰구간

$$(\overline{x} - z_{\alpha/2}\frac{\sigma}{\sqrt{n}},\ \overline{x} + z_{\alpha/2}\frac{\sigma}{\sqrt{n}})$$

모 표준편차 σ가 미지인 조금 더 현실적인 문제에 대해서 생각해 보자. 대표본에서

$$P[\overline{X} - z_{\alpha/2}\frac{\sigma}{\sqrt{n}} < \mu < \overline{X} + z_{\alpha/2}\frac{\sigma}{\sqrt{n}}] = 1-\alpha$$

는 여전히 성립한다.

그러나 모 표준편차 σ가 미지이기 때문에 표본으로부터 신뢰구간을 계산할 수 없다. 표본의 크기 n이 클 때는 표본표준편차 s와 모 표준편차 σ가 매우 가까우므로 신뢰구간 공식에서 σ 대신 s를 대입하여 모 평균의 신뢰구간을 구한다. 이를 정리하면 다음과 같다.

표본의 크기가 크고 모 분산 σ^2이 미지일 때의 모 평균 μ의 $100(1-\alpha)\%$ 신뢰구간

$$(\overline{x} - z_{\alpha/2}\frac{s}{\sqrt{n}},\ \overline{x} + z_{\alpha/2}\frac{s}{\sqrt{n}})$$

여기서, s는 표본표준편차이다.

표본의 크기가 크고 σ^2을 모를 때 모 평균 μ의 신뢰구간 중 가장 많이 사용되는 신뢰구간의 상한과 하한은 다음과 같다.

모 평균 μ의 대표적인 신뢰구간

μ의 90% 신뢰구간 : $(\overline{x} - 1.645\frac{s}{\sqrt{n}},\ \overline{x} + 1.645\frac{s}{\sqrt{n}})$

μ의 95% 신뢰구간 : $(\overline{x} - 1.96\frac{s}{\sqrt{n}},\ \overline{x} + 1.96\frac{s}{\sqrt{n}})$

μ의 99% 신뢰구간 : $(\overline{x} - 2.576\frac{s}{\sqrt{n}},\ \overline{x} + 2.576\frac{s}{\sqrt{n}})$

예제 6

A대학 C학과의 기말통계학 성적은 $N(\mu, 15^2)$을 따른다. 25명의 평균점수가 70점일 때, 모평균 μ의 95% 신뢰구간을 구하여라.

풀이 $Z=\dfrac{\overline{X}-\mu}{\sigma/\sqrt{n}} \sim N(0,1)$, $1-\alpha=0.95$이면 $z_{\alpha/2}=1.96$이다.

$1.96\dfrac{\sigma}{\sqrt{n}}=1.96\dfrac{15}{25}=9.8$이기 때문에 μ에 대한 95% 신뢰구간은 다음과 같다.

$$\left(\overline{x}-1.96\frac{\sigma}{\sqrt{n}},\ \overline{x}+1.96\frac{\sigma}{\sqrt{n}}\right)=(60.2, 79.8)$$

예제 6 에서 신뢰구간의 상한과 하한이 모두 상수이어서 확률변수를 포함하지 않으므로

$$P[60.2<\mu<79.8]=0.95$$

라는 표현을 사용하면 안 된다. 이러한 확률적 표현보다는 모 평균 μ가 구간 $(60.2, 79.8)$에 포함될 것을 95% 신뢰할 수 있다는 표현이 좀 더 적절하다.

예제 7

전국 100세 이상 노인 103명을 대상으로 조사된 자료에 의하면, 평균 혈중 콜레스테롤이 174.6mg/dl로 나타났다. 만일 이 자료에서 표준편차가 12mg/dl로 나타난다고 할 때, 전국 100세 이상 노인의 평균 혈당치에 대한 99%신뢰구간을 구하여라.

풀이 $n=103,\ \overline{x}=174.6,\ s=12$이므로 평균 콜레스테롤 μ에 대한 99%신뢰구간 하한과 상한은

$$l=\overline{x}-2.576\frac{s}{\sqrt{n}}=174.6-\frac{2.576\times 12}{\sqrt{103}}=172.283$$

$$u=\overline{x}+2.576\frac{s}{\sqrt{n}}=174.6+\frac{2.576\times 12}{\sqrt{103}}=176.917$$

따라서 모평균 에 대한 99% 신뢰구간은 $(172.283, 176.971)$이다.

$100(1-\alpha)\%$ 신뢰수준을 가지고, 추정 값 $\overline{x}$와 모 평균 μ와의 차가 주어진 값보다 작게 하려면 얼마의 크기로 표본을 뽑아야 하는지를 살펴보자.

$100(1-\alpha)\%$ 신뢰구간의 하한 값은 $\overline{x}-z_{\alpha/2}\dfrac{\sigma}{\sqrt{n}}$이고 신뢰구간의 상한 값은

$\overline{x}+z_{\alpha/2}\frac{\sigma}{\sqrt{n}}$ 로 주어진다.

이 신뢰구간이 μ를 포함하면 $\mu\in(\overline{x},\overline{x}+z_{\alpha/2}\frac{\sigma}{\sqrt{n}})$ 또는 $\mu\in(\overline{x}-z_{\alpha/2}\frac{\sigma}{\sqrt{n}},\overline{x})$이다. 각 경우 모두 오차는 $z_{\alpha/2}\frac{\sigma}{\sqrt{n}}$ 보다 작다. 그러므로 최대 오차는 $z_{\alpha/2}\frac{\sigma}{\sqrt{n}}$ 이다. 이를 d로 나타내면 $d=z_{\alpha/2}\frac{\sigma}{\sqrt{n}}$ 이다.

이 식을 n에 관하여 풀면 $n=(z_{\alpha/2}\frac{\sigma}{d})^2$이다. 이는 이 정도 크기의 표본이면 이 추정 값의 오차가 d보다 작다는 것을 $100(1-\alpha)\%$ 정도 신뢰할 수 있음을 뜻한다.

이를 정리하면 다음과 같다.

> $100(1-\alpha)\%$ 신뢰수준으로 추정값 $\overline{x}$와 μ의 차가 d보다 작게 하려면 표본의 크기는 $n=(z_{\alpha/2}\frac{\sigma}{d})^2$ 으로 하면 된다.

예제 8

어떤 수의사가 어떤 품종의 개의 평균무게를 추정하려 한다. 표준편차 $\sigma=3600$g으로 알려져 있다고 가정하고, 95% 신뢰도를 가지고 그의 추정치 $\overline{X}$와 평균 μ와의 차가 675g보다 작게 하려고 한다. 이 때 몇 마리를 재어야 하는지 표본의 크기를 구하여라(단, 개의 무게는 정규분포를 따른다.)

풀이 $\alpha=0.05,\ \sigma=3600,\ e=675,\ z_{\alpha/2}=1.96$ 이므로

$$n=(\frac{1.96\times3600}{675})^2\approx109.20\text{마리}$$

따라서 필요한 표본의 크기는 109마리가 된다. ■

다음은 모 분산 σ^2이 미지인 정규모집단 $N(\mu,\sigma^2)$에서 표본의 크기가 작을 때의 구간추정에 대해서 알아보자. 이때, 표본평균을 $\overline{X}$, 모평균을 μ, 표본의 크기를 n이라 하면 다음은 자유도 $n-1$인 t분포를 따르게 된다.

$$t=\frac{\overline{X}-\mu}{s/\sqrt{n}}$$

t분포로부터 다음이 성립한다.

$$P[-t_{\alpha/2}(n-1) < \frac{\overline{X}-\mu}{s/\sqrt{n}} < t_{\alpha/2}(n-1)] = 1-\alpha$$

여기서 $t_{\alpha/2}(n-1)$은 자유도 $(n-1)$의 t분포에서 오른쪽 끝부분의 면적이 $\frac{\alpha}{2}$가 되게 하는 값이다.

σ를 알 때 신뢰구간을 구하는 과정을 소표본의 구간추정에 그대로 이용하면 다음을 얻는다.

$$P[\overline{X}-t_{\alpha/2}(n-1)\frac{s}{\sqrt{n}} < \mu < \overline{X}+t_{\alpha/2}(n-1)\frac{s}{\sqrt{n}}] = 1-\alpha$$

따라서 μ에 대한 $100(1-\alpha)\%$ 신뢰구간은 다음과 같다.

$$\overline{X} \pm t_{\alpha/2}(n-1)\frac{s}{\sqrt{n}}$$

정규모집단에서 σ가 미지일 때 모 평균에 대한 $100(1-\alpha)\%$ 신뢰구간은 다음과 같다. 이것은 표본의 크기가 작을 때 특히 유용하다.

> 표본의 크기가 작을 때의 모 평균 μ의 $100(1-\alpha)\%$ 신뢰구간
>
> $$(\bar{x}-t_{\alpha/2}(n-1)\frac{s}{\sqrt{n}},\ \bar{x}+t_{\alpha/2}(n-1)\frac{s}{\sqrt{n}})$$

여기서 $t_{\alpha/2}(n-1)$은 자유도 $(n-1)$인 t분포에서 $P[t > t_{\alpha/2}(n-1)] = \frac{\alpha}{2}$를 만족하는 상수이다.

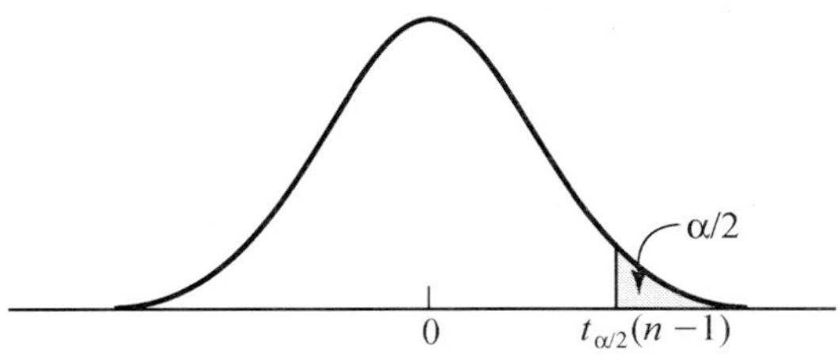

[그림 9.4]

예제 9

어느 연구원이 새로운 제품을 개발하였다고 한다. 이 제품의 평균강도는 $180kg/cm^2$ 보다 크다고 한다. 평균강도 μ를 추정하기 위하여 임의로 10개를 추출하여 측정한 결과가 다음과 같다. 새로운 제품의 평균강도에 대한 95% 신뢰구간을 구하여라.

182 175 191 170 185 173 183 165 188 167

풀이 주어진 자료로부터 $\overline{x}=177.9$, $s^2=82.99$, $\alpha=0.05$ 이다. 자유도는 10-1=9이므로 부록의 t분포에서 $t_{0.025}(9)=2.262$ 이다. 따라서 실제 평균강도는 다음과 같다.

$$177.9-2.262\sqrt{\frac{82.99}{10}} \le \mu \le 177.9+2.262\sqrt{\frac{82.99}{10}}$$

$$\therefore 171.3832 \le \mu \le 184.4168$$

9.2.2 모 비율의 구간추정

표본의 크기가 큰 경우에 모 비율 p의 구간추정에 대하여 생각해 보자. 모집단에서 X를 n개의 표본 가운데 어떤 속성을 가진 것의 개수라 하고 p를 그 속성의 비율이라 하면 X는 이항분포 $B(n,p)$를 따른다. 그리고 n이 충분히 크고 p가 0이나 1에 가깝지 않을 때 X는 근사적으로 정규분포 $N(np, np(1-p))$에 가깝다.

그러므로 표본비율 $\hat{p}=\frac{X}{n}$는 근사적으로 평균p 표준편차 $\sqrt{\frac{p(1-p)}{n}}$를 가진 정규분포 $N(p, \frac{p(1-p)}{n})$를 따른다. 이 정규분포는 평균과 표준편차에 미지변수 p가 존재하기 때문에 문제이다. 그러나 표본의 크기가 클 때는 $\hat{p}$과 p가 매우 가까우므로 표준편차 $\sqrt{np(1-p)}$는 $\sqrt{n\hat{p}(1-\hat{p})}$과 매우 가깝기 때문에 표준편차를 $\sqrt{n\hat{p}(1-\hat{p})}$로 사용하여 다음과 같은 Z통계량을 구한다. 다음 Z통계량은 근사적으로 표준정규분포 $N(0,1)$을 따른다.

이러한 사실과 모 평균의 구간추정에 사용된 과정과 비슷한 방법을 이용해서 모비율 p의 $100(1-\alpha)\%$ 신뢰구간은 다음과 같이 구해진다.

대 표본에서 모 비율 p의 $100(1-\alpha)\%$ 신뢰구간

$$(\hat{p}-z_{\alpha/2}\sqrt{\hat{p}(1-\hat{p})/n}\,,\ \hat{p}+z_{\alpha/2}\sqrt{\frac{\hat{p}(1-\hat{p})}{n}}\,)$$

예제 10

새로운 치료법을 개발하여 치료율을 조사하기 위하여 환자 300명에게 새로운 치료법으로 치료한 결과 250명이 효과가 있다는 반응을 보였다. 모비율에 대한 95%의 신뢰구간을 구하여라.

풀이 $\hat{p}=\dfrac{250}{300}=0.8333,\ z_{0.025}=1.96$이므로

$$0.8333-1.96\sqrt{\frac{0.8333\times0.1667}{300}}\le p\le 0.8333+1.96\sqrt{\frac{0.8333\times0.1667}{300}}$$

$$\therefore 0.7911\le p\le 0.8755$$

■

연습문제

1. 모집단 전체에서 지정된 특성을 갖는 개체들의 비율을 p라 하고 크기 n의 랜덤표본 $X_1, X_2, \cdots, X_n$을 추출하여 지정된 특성을 갖는 관측들의 개수를 X라 하자. 이때 모비율 p의 불편추정량을 구하여라.

2. 전구를 대량 생산하고 있는 공장이 있다. 어느 날 100개의 전구를 임의로 추출해서 수명을 조사한 결과 평균이 500시간, 표준편차가 40시간 이었다. μ의 99%신뢰구간을 구하여라.

3. 어떤 공장에서는 새로운 제조법에 의하여 전구를 생산하고 있다. 과거의 경험에 의하면 전구의 수명의 표준편차는 100시간이며, 새 제조법에서도 변함이 없다고 한다. 어느날 크기 100인 표본을 임의로 추출하여 수명을 검사한 결과 평균이 1200시간 이었다. μ의 99% 신뢰구간을 구하여라.

4. 통계학과 학생 4명과 전자계산학과 5명을 임의로 뽑아 통계학 성적을 조사한 결과 72, 88, 90, 82점과 68, 65, 79, 85, 70점이었다. 두 학과의 통계학 성적의 평균 차에 대한 90%신뢰구간을 구하여라.

5. 컴퓨터를 생산하고 있는 회사에서 하루 평균 생산대수를 파악하기 위하여 50일간을 조사하여 평균과 표준편차를 계산한 결과 $\overline{x}=150$ 대, $s=20$ 대를 얻었다. 하루 평균 생산량 μ 에 대한 95% 신뢰구간을 구하여라.

6. $N(\mu, 5^2)$ 으로부터 추출된 크기 36인 확률표본의 평균이 $\overline{x}=10.8$ 이었다. 모평균 μ에 대한 95% 신뢰구간을 구하여라.

7. S대학교 2학년 학생전체에서 100명의 학생을 임의 추출하여 키를 조사하였더니 평균이 166cm, 표준편차가 5cm이었다. 2학년 학생 전체에 대한 키의 평균 μ에 대하여 95% 신뢰구간을 구하여라.

8. 시중에서 인기 있는 7가지 캔 통조림의 주성분의 비율을 조사하기 위하여 다음의 자료를 얻었다. 평균 주성분의 비율의 90% 신뢰구간을 구하여라. 단, 캔 통조림의 주성분 비율은 정규분포를 따른다고 한다.

9. 분산이 25인 정규모집단으로부터 49개의 표본을 추출하여 표본평균 $\overline{X}=15.2$를 얻었다. 모평균 μ에 대한 95% 신뢰구간을 구하여라.

10. 어떤 공장에서 생산되는 제품의 무게를 10회 측정한 결과 다음의 자료를 얻었다.

15.5 15.3 16.2 14.8 14.6 15.6 15.3 16.4 15.5 15.4

무게의 모평균 μ에 대한 95%신뢰구간을 구하여라.

11. 한 공자에서 생산하는 플라스틱판의 경우에 그 두께의 변이 정도가 중요한 특성치라고 한다. 이 공장에서 생산되는 플라스틱 판 중에서 10개의 표본을 추출하여 그 두께를 측정한 결과가 mm단위로 다음과 같았다.

236 228 226 225 232 228 227 229 225 230

이 공장에서 생산하는 플라스틱판 두께의 표준편차 σ의 추정값을 구하여라.

12. 어떤 선거구의 유권자 중에서 100명을 임의로 추출하여 조사하였더니 입후보자 A에 대한 지지자가 40명 이었다. 이 선거구 유권자의 A에 대한 지지율에 대하여 95%신뢰구간을 구하여라.

13. A시에서 공장을 유치하기 위하여 여론조사를 실시하였다. 시민 중에서 900명을 임의로 추출하여 조사하였더니 찬성률이 0.9이었다. 찬성률 p에 대한 95%신뢰구간을 구하여라.

14. 어느 산업에 종사하는 숙련공의 월평균소득을 추정하기로 하였다. 과거 연구에 의하면 임금은 정규분포를 하며 모집단 표준편차는 만원으로 알려져 있다. 오차의 허용한계를 ± 5000으로 하고 99% 신뢰수준을 유지하고자 할 때 표본의 크기를 구하여라.

15. 모평균 μ와 모분산 σ^2을 갖는 모집단으로부터 크기 10인 확률표본을 다음과 같이 얻었다. 이 표본을 이용하여 모평균과 모분산의 불편추정값을 구하여라.

2.62 2.69 2.71 2.73 2.66 2.64 2.81 2.78 2.76 2.84

제10장 검정

■ **본장의 개요**

모집단의 특성에 관한 주장이나 추측을 가설로 설정하고, 표본을 이용하여 모집단에 관한 가설을 채택하거나, 기각하는 통계적 분석 방법을 **가설검정**이라 한다. 가설에는 다음 두 가지가 있다.

① **귀무가설**: 모집단에 관한 기존의 특성을 입증하려는 가설

② **대립가설**: 귀무가설의 부정을 입증하려는 가설

귀무가설은 표본을 통하여 부정하려는 비운의 가설이다. 일반 실험의 가설은 그것을 인정하려는 가설이다. 논의하는 모집단 특성을 귀무가설을 써서 검정하려는 통계량을 검정통계량이라 한다.

이 장에서는 이와 같은 문제를 좀 더 체계적으로 다루어 모평균, 모 비율에 대한 검정법을 알아보고자 한다.

10.1 가설검정의 방법

하나의 동전을 10회 던질 때, 귀무가설

$$H_0 : \text{앞면이 나올 확률 } p = \frac{1}{2}$$

H_0가 참인 경우, 앞면이 10회 나올 확률은

$$P(X=10) = {}_{10}C_{10}\left(\frac{1}{2}\right)^{10} = \frac{1}{1024} = 0.00098 \approx 0.001$$

$p=\frac{1}{2}$(정상인 동전)이라면, 동전을 10회 던지는 일을 1000번을 시행하는 경우, 10회 모두 앞면이 나오는 일이 한 번 정도 발생한다. 만일 이런 일이 발생하였다고, 그 동전을 정상적인 것이 아니다. $p \neq \frac{1}{2}$라고 한다면, 이런 착오가 있을 확률이 0.001이 된다. 통계적으로, 이런 착오를 확률로 정해 놓는 것이 통상인데, 착오를 일으킬 최대의 확률α(되도록 작게 잡는다)를 유의수준이라 한다.

H_0가 참인 조건에서 발생확률이 α보다 작으면, H_0는 참이 아니고, H_1이 참이라고 판단한다.

예제 1

어느 전자제품 공장에서 생산되는 제품의 불량률이 3% 이하라고 주장한다. 그런데 실제로 불량이 3%보다 많이 발생하여 고객한테서 항의가 생겨서 임의로 제품을 100개 추출하여 불량률을 조사하고자 한다. 이때 공장에서 생산되는 제품의 불량률이 3%이상이라고 볼 수 있는 지에 대하여 검정하고자 할 때 가설을 세워라.

풀이 귀무가설(H_0) : 불량률이 3% 이하이다.

대립가설(H_1) : 불량률이 3% 이상이다.

$p \leq 0.03$

$p > 0.03$

예제 2

어느 대학에서 남녀간에 시력에는 차이가 없다고 주장한다. 이때 남자의 시력평균을 μ_1이라 하고 여자의 시력평균을 μ_2라 할 때 실제로 남녀간에 차이가 없는지 조사하기위한 가설을 세워라.

풀이 귀무가설(H_0) : 남녀간에 시력에 차이가 없다.

대립가설(H_1) : 남녀간에 시력에 차이가 있다.

$\mu_1 = \mu_2$

$\mu_1 \neq \mu_2$

귀무가설과 대립가설 중 하나를 선택하는 기준이 되는 통계량이 있는데 이 통계량을 검정통계량이라 한다. 이 통계량은 다음과 같이 주어진다.

$$Z = \frac{\overline{X} - \mu_0}{\frac{\sigma}{\sqrt{n}}}$$

이 검정통계량은 귀무가설 H_0가 참일 때 근사적으로 표준정규분포 $N(0, 1)$를 따른다. 이 검정통계량을 이용하여 귀무가설과 대립가설 중 하나를 선택하게 된다. 귀무가설 H_0를 기각시키는 검정통계량의 관측 값의 영역을 기각역이라 하며 기각역이 아닌 영역을 채택역이라 한다. 또 기각역과 채택역의 경계가 되는 값을 임계값이라 한다.

예를 들어, 어떤 약이 25%의 효과가 있다고 알려졌다. 새로운 약이 더 효과가 있는지를 결정하기 위하여 20명을 추출하여 투약하였다. 만일 새로운 약을 투약하였을 때 9명 이상이 효과가 있었다면 새로운 약이 더 효과가 있다고 생각되어진다. 이것을 이항검정으로서

$$H_0 : p = \frac{1}{4}$$

$$H_1 : p > \frac{1}{4}$$

으로 쓰여진다. 20명 중 새로운 약이 더 효과가 있는 사람의 수를 X라 하자. 이 때 X는 결정에 기본이 되는 통계량이다. 0에서 20까지 X의 가능한 값은 두 그룹으로 나누어진다. 즉, 9보다 작은 수와 9보다 크거나 같은 수로 나누어진다.

그러면 8.5보다 큰 모든 수는 기각역을 이루고 8.5보다 작은 모든 수는 책택역을 결정하고 두 영역으로 나누어 놓는 수 $x_0 = 8.5$를 임계값이라 한다. 따라서 $x > x_0$이면 H_0를 기각하고 대립가설 H_1을 수용하며 $x < x_0$이면 H_0를 채택한다. 이와 같이 귀무가설과 대립가설 중 어느 하나를 택하는 데에 사용되는 통계량을 검정통계량이라 한다.

모집단 전체를 조사하지 않고 표본을 이용하기 때문에 통계적 가설검정의 결과에 대해서는 오류가 발생할 수 있는데 오류에는 다음과 같은 두 가지 종류가 있다.

귀무가설 H_0가 참임에도 불구하고 이를 기각하고 대립가설 H_1을 채택하는 오류를 제 1종의 오류라 하고, 대립가설 H_1이 참임에도 불구하고 대립가설이 참이라는 확실한 근거가 없기 때문에 귀무가설 H_0을 채택하는 경우가 있는데 이러한 오류를 제 2종의 오류라 한다. 이들을 정리하면 다음과 같다.

실제현상 \ 검정 결과	귀무가설 H_0 참	대립가설 H_1 참
귀무가설 H_0 채택	옳은 결정	제 2종의 오류
대립가설 H_1 채택	제 1종의 오류	옳은 결정

제 1종의 오류와 제 2종의 오류를 범할 가능성을 되도록 줄이는 것이 바람직하다. 그러나 표본의 크기가 고정되면 제 1종의 오류를 줄이려고 할 때 제 2종의 오류가 커지므로 두 종류의 오류를 동시에 줄이는 방법은 존재하지 않는다. 두 종류의 오류를 동시에 줄이는 유일한 방법은 표본의 크기를 증가시키는 것이다. 또한 표본의 크기가 미리 정해진 경우에 제 1종의 오류만 관리하게 된다. 이 때, 귀무가설 H_0가 참임에도 불구하고 이를 기각하고 대립가설 H_1을 채택하는 오류를 범할 확률의 최대 허용한계를 유의수준이라 하며 α로 표시한다. 즉 유의수준이란 제 1종의 오류를 범할 확률의 최대 허용한계를 뜻한다. 주로 사용하는 α의 값은 0.05, 0.01, 0.1 등이다.

가설검정에서 대립가설이 나타내는 모수의 영역은 한쪽 또는 양쪽에 있게 된다. 대립가설에서 모수의 영역이 한쪽으로만 주어지는 검정을 한쪽검정 또는 단 측 검정이라 하며, 양쪽에 주어지는 검정을 양쪽검정 또는 양측검정이라 한다.

모수 θ에 대한 검정에서 귀무가설 $H_0 : \theta = \theta_0$에 대하여 대립가설에 나타나는 모수에 대한 영역을 다음과 같이 세 가지 경우로 나눌 수 있다.

(1) $H_1 : \theta > \theta_0$ (한쪽검정)

(2) $H_1 : \theta < \theta_0$ (한쪽검정)

(3) $H_1 : \theta \neq \theta_0$ (양쪽검정)

특히, (1)의 형태를 오른쪽 한쪽검정, (2)의 형태를 왼쪽 한쪽검정이라 한다.

기각역도 대립가설의 형태와 비슷한 형태를 취하는데 오른쪽 한쪽검정일 때는 검정통계량 분포의 우측에, 왼쪽 한쪽검정일 때는 검정통계량 분포의 좌측에, 양측검정일 경우에는 양측에 기각역이 설정되어진다.

주어진 자료를 이용하여 통계적 가설검정에 대한 문제를 다룰 때는 다음의 순서에 따라서 생각하면 편리하다.

> **통계적 가설검정에 대한 순서**
>
> 1. 대립가설 H_1과 귀무가설 H_0를 설정한다.
> 2. 유의수준 α를 결정한다.
> 3. 검정통계량을 계산한다.
> 4. 기각역을 구한다.
> 5. 검정통계량의 값이 기각역 속에 들어가면 귀무가설 H_0를 기각하고 그렇지 않으면 귀무가설 H_0를 채택한다.

10.2 모평균의 검정

모집단의 분포가 정규분포 $N(\mu, \sigma^2)$를 따르고 표본의 크기 n이 충분히 크며 모 분산 σ^2을 알고 있을 때 모 평균 μ의 가설검정에 대하여 알아보자. 모 평균 μ에 대한 가설검정은 표본평균 $\overline{X}$를 이용한다. $\overline{X}$는 정규분포 $N(\mu, \dfrac{\sigma^2}{n})$을 따르고 표준화된 다음 통계량은 표준정규분포 $N(0, 1)$을 따른다.

$$Z = \frac{\overline{X} - \mu}{\dfrac{\sigma}{\sqrt{n}}}$$

Z 통계량은 모 평균을 검정하는 데 사용되는 검정통계량의 표준 형태이며, Z 통계량을 이용하여 시행하는 검정을 정규검정 또는 Z검정이라 한다.

다음과 같은 형태의 한쪽검정을 살펴보자.

$$H_0 : \mu \le \mu_0, \quad H_1 : \mu > \mu_0 \ (\mu_0\text{는 주어진 상수})$$

표본평균 $\overline{X}$의 분포는 정규분포 $N(\mu, \dfrac{\sigma^2}{n})$를 따르고 μ는 대칭축이다. 대립가설 H_1에서 μ의 값들은 귀무가설 H_0에서 μ의 값들보다 더 큰 값들을 포함한다. 즉 표본평균 $\overline{X}$의 큰 값들 또는 Z 통계량의 꽤 큰 값들은 기각 역에 포함되어야 한다. 따라서 기각 역은 다음과 같은 형태를 취해야 한다.

$$R : \overline{X} \ge c$$

유의수준 α의 정의로부터 기각역의 경계 값 c를 구한다.

두 사상 $[\overline{X}\geq c]$와 $[Z=\dfrac{\overline{X}-\mu_0}{\dfrac{\sigma}{\sqrt{n}}}\geq \dfrac{c-\mu_0}{\dfrac{\sigma}{\sqrt{n}}}]$가 같으므로 다음이 성립한다.

$$[\overline{X}\geq c]=P[Z\geq \frac{c-\mu_0}{\frac{\sigma}{\sqrt{n}}}]$$

여기서 c는 $\dfrac{c-\mu_0}{\sigma/\sqrt{n}}=z_\alpha$을 만족해야 한다. 그러므로 다음이 성립한다.

$$c=\mu_0+z_\alpha(\sigma/\sqrt{n})$$

따라서 기각 역은 다음과 같다.

$$R:\overline{X}\geq \mu_0+z_\alpha(\sigma/\sqrt{n})$$

Z 통계량 $\dfrac{\overline{X}-\mu_0}{\sigma/\sqrt{n}}$을 이용하면 기각 역은 $R:Z\geq z_\alpha$가 된다.

귀무가설이 $H_0:\mu\geq\mu_0$이고 대립가설이 $H_1:\mu<\mu_0$일 때는 $P[Z\leq -z_\alpha]=\alpha$이기 때문에 앞에서와 마찬가지로 기각 역 $R:Z\leq -z_\alpha$을 얻는다.

또, 다음과 같은 형태의 양쪽검정 문제를 살펴보자.

$$H_0:\mu=\mu_0,\quad H_1:\mu\neq\mu_0$$

표본평균 $\overline{X}$가 어느 쪽 방향으로든 μ_0로부터 너무 멀리 떨어져 있으면 H_0은 기각된다. 즉 Z가 너무 크거나 너무 작으면 H_0은 기각되는데 기각 역은 다음과 같다.

$$R:|Z|\geq z_{\alpha/2}$$

유의수준을 α라 하고 Z를 가설의 검정통계량이라 하면 각각의 기각 역은 다음과 같다.

(1) 오른쪽 단 측 검정일 때의 기각 역 $Z\geq z_\alpha$

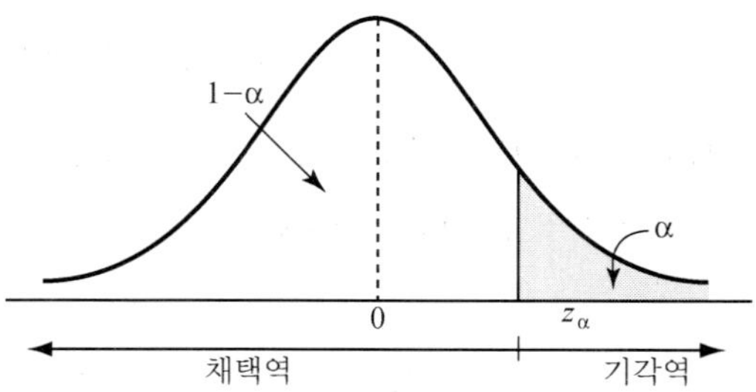

(2) 왼쪽 단 측 검정일 때의 기각 역 $Z \leq -z_\alpha$

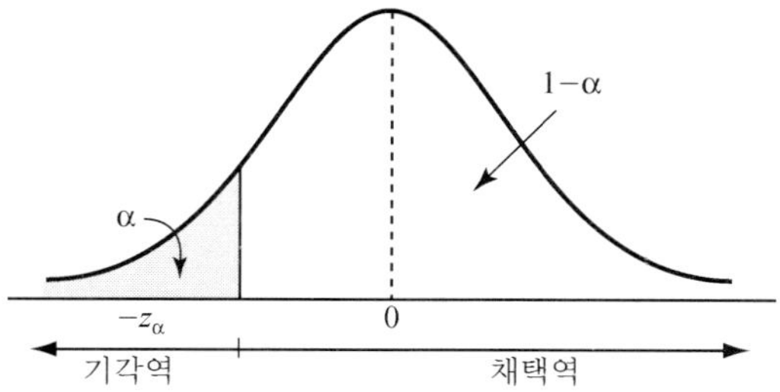

(3) 양측검정일 때의 기각 역 $Z \geq z_{\alpha/2}$ 또는 $Z \leq -z_{\alpha/2}$

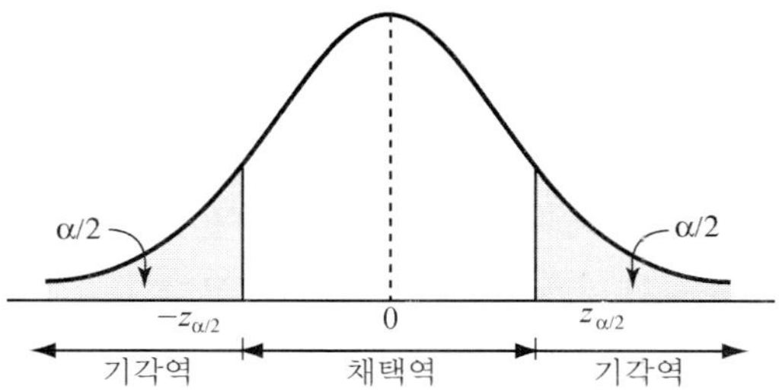

이제, 모집단의 분포가 정규분포 $N(\mu, \sigma^2)$를 따르고 모 분산 σ^2을 모르는 경우의 모 평균의 가설검정에 대해서 알아보자.

모 분산 σ^2을 알고 있을 때의 모 평균의 가설검정과 마찬가지 방법으로 유도되며 모 평균의 검정 통계량 $Z = \dfrac{\overline{X} - \mu_0}{\sigma / \sqrt{n}}$ 에서 모 표준편차 σ 대신 표본표준편차 s를 대입하여 모 평균 μ를 검정할 수 있다.

모 평균 μ에 대한 검정통계량과 각 가설에 대한 기각역을 정리하면 다음과 같다.

■ 모 평균의 검정

1. 검정통계량은 다음과 같다.

(1) 모 분산 σ^2을 알 때 : $Z = \dfrac{\overline{X} - \mu_0}{\sigma / \sqrt{n}}$

(2) 모 분산 σ^2을 모를 때 : $Z = \dfrac{\overline{X} - \mu_0}{s / \sqrt{n}}$

2. 귀무가설과 대립가설, 유의수준 α인 기각역은 각각 다음과 같다.

(1) $H_0 : \mu \le \mu_0 \quad H_1 : \mu > \mu_0 \quad Z \ge z_\alpha$

(2) $H_0 : \mu \ge \mu_0 \quad H_1 : \mu < \mu_0 \quad Z \le -z_\alpha$

(3) $H_0 : \mu = \mu_0 \quad H_1 : \mu \ne \mu_0 \quad |Z| \ge z_{\alpha/2}$

■

검정에서 주로 사용하는 주요한 z_α값은 다음과 같다.

(1) $\alpha = 0.05$일 때 $z_\alpha = z_{0.05} = 1.645,\ z_{\alpha/2} = z_{0.025} = 1.96$

(2) $\alpha = 0.01$일 때 $z_\alpha = z_{0.01} = 2.326,\ z_{\alpha/2} = z_{0.005} = 2.576$

(3) $\alpha = 0.1$일 때 $z_\alpha = z_{0.1} = 1.282,\ z_{\alpha/2} = z_{0.05} = 1.645$

예제 3

어느 영업부에서 판매원에 대한 재교육을 실시한 후에 판매고에 대한 조사를 하고자 임의로 9일을 선택하여 조사한 것이 다음과 같다. 평균 판매고가 1000을 초과하면 재교육이 효과가 있는 것으로 간주 할 때, 재교육은 효과가 있었는지 유의수준 $\alpha = 0.01$에서 검정을 하여라(단, 판매고는 $\sigma = 100$인 정규분포를 따른다. 단위: 천원)

1280 1250 990 1100 880 1300 1100 950 1050

풀이 ① $H_0 : \mu = 1000,\ H_1 : \mu > 1000$

② $Z = \dfrac{\overline{X} - \mu_0}{\sigma/\sqrt{n}} = \dfrac{1100 - 1000}{100/\sqrt{9}} = 3$

③ 표본크기 $n = 9$, 유의수준 : $\alpha = 0.01$

④ 기각역 : $Z \ge z_{0.01} = 2.33$

⑤ $Z \ge 2.33$이므로 H_0를 기각한다. 즉, 유의수준 1%에서 판매원에 대한 재교육이 효과가 있었다고 결론을 내릴 수 있다.

■

예제 4

지난 일년동안 사망자 중에 임의로 100명을 추출하여 평균수명을 조사한 결과 평균수명이 71.8세이고 표준편차 8.9세이었다. 이 자료에 의하여 평균수명이 70세 이상이라고 할 수 있는지 유의수준 5%에서 검정하여라.

풀이 ① $H_0 : \mu = 70,\ H_1 : \mu > 70$

② $\overline{X} = 71.8,\ s = 8.9$이므로

$$Z = \frac{\overline{X} - \mu_0}{\sigma / \sqrt{n}} = \frac{71.8 - 70}{8.9 / \sqrt{100}} = 2.02$$

③ 표본크기 $n = 100$, 유의수준 $\alpha = 0.05$

④ 기각역 : $Z \geq z_{0.05} = 1.645$

⑤ $Z > 1.645$ 이므로 귀무가설을 기각할 수 있다.

즉, 평균수명은 70세 이상이라고 말할 수 있다.

이제, 모집단의 분포가 정규분포 $N(\mu, \sigma^2)$를 따르고 모 분산 σ^2이 미지이며 표본의 크기가 작을 때($n < 30$)의 모 평균 μ의 가설검정에 대하여 알아보자 이를 위해서 앞에서 사용한 정규 검정 법에서 모 표준편차 σ 대신 표본표준편차 s를 대입하고 자유도 $n-1$인 t분포를 따르는 다음의 t통계량을 이용한다.

$$t = \frac{\overline{X} - \mu}{s / \sqrt{n}}$$

기각역의 경계 값은 정규분포보다 t분포 표를 이용하여 결정한다.

특히 대립가설이 $H_1 : \mu > \mu_0$일 때 기각 역은 $R : t \geq t_\alpha(n-1)$이다. 여기서 $t_\alpha(n-1)$는 자유도 $(n-1)$의 t 분포에서 오른쪽 끝부분의 면적이 α가 되게 하는 값이다.

양쪽 검정에서 대립가설이 $H_1 : \mu \neq \mu_0$일 때는 기각 역은 $R : |t| \geq t_{\alpha/2}(n-1)$ 이다. 이와 같이 t분포를 따르는 t통계량을 이용해서 하는 검정을 t검정이라 한다. 소 표본에서 모 평균 μ에 관한 검정 법은 다음과 같다.

소 표본에서 모 평균의 검정

1. 귀무가설 $H_0 : \mu = \mu_0$
2. 검정통계량 $t = \dfrac{\overline{X} - \mu}{s / \sqrt{n}}$
3. 대립가설과 기각 역은 각각 다음과 같다.
   (1) $H_1 : \mu > \mu_0$ $\quad t \geq t_\alpha(n-1)$
   (2) $H_1 : \mu < \mu_0$ $\quad t \leq -t_\alpha(n-1)$
   (3) $H_1 : \mu \neq \mu_0$ $\quad |t| \geq t_{\alpha/2}(n-1)$

예제 5

어느 식용유회사에서 식용유의 평균용량을 200ml으로 하고 싶다. 평균용량을 조사하기 위하여 임의로 20개를 추출하여 조사한 결과가 다음과 같다. 이 회사에서 생산되는 평균용량이 200ml이라고 할 수 있는지 유의수준 5%에서 검정하여라.

(단위 : ml)

199.9	201.9	200.2	200.2	200.4	200.1	200.2	200.0	199.9	200.0
200.0	200.8	199.9	200.1	200.5	199.9	200.4	200.5	199.8	200.2

풀이 ① $H_0 : \mu = 200,\ H_1 : \mu \neq 200$

② $\overline{X} = 200.2,\ s = 0.32$ 이므로

$$Z = \frac{\overline{X} - \mu_0}{\sigma / \sqrt{n}} = \frac{200.2 - 200}{0.32 / \sqrt{20}} = 2.795$$

③ 표본크기 $n = 20$, 유의수준 $\alpha = 0.05$

④ 기각역 : $|T| \geq t_{0.025}(19) = 2.093$

⑤ $T > 2.093$ 이므로 귀무가설 H_0 을 기각할 수 있다.

즉, 평균용량은 200ml이라고 말할 수 없다.

10.3 모비율의 검정

모 비율을 p 라 하고 귀무가설 $H_0 : p = p_0$ 과 대립가설 $H_1 : p \neq p_0$ 이 주어져 있을 때 모 비율에 대한 검정에 대해서 알아보자.

X 를 이항분포에서의 확률변수라 하면 표본비율 $\hat{p} = \dfrac{X}{n}$ 는 표본의 크기 n 이 클 때 근사적으로 평균 p, 표준편차 $\sqrt{p(1-p)} / \sqrt{n}$ 의 정규분포를 따른다. 즉, 귀무가설 하에서는 p 는 p_0 의 값을 갖고 $\hat{p}$ 은 근사적으로 정규분포 $N(p_0, \dfrac{p_0(1-p_0)}{n})$ 를 갖는다. 따라서 다음 검정통계량은 근사적으로 표준정규분포 $N(0, 1)$ 을 따른다.

$$Z = \frac{\hat{p} - p_0}{\sqrt{p_0(1-p_0)/n}}$$

대립가설은 양쪽검정이며 기각역은 $R : |Z| \geq z_{\alpha/2}$ 이다. 한쪽검정의 경우도 마찬가지로 기

각역을 구할 수 있다. 이를 정리하면 다음과 같은 모 비율의 검정을 구할 수 있다.

대 표본에서 모 비율의 검정

1. 귀무가설 $H_0 : p = p_0$
2. 검정통계량 $Z = \dfrac{\hat{p} - p_0}{\sqrt{p_0(1-p_0)/n}}$
3. 대립가설과 기각 역은 각각 다음과 같다.
   (1) $H_1 : p > p_0 \quad Z \geq z_\alpha$
   (2) $H_1 : p < p_0 \quad Z \leq -z_\alpha$
   (3) $H_1 : p \neq p_0 \quad |Z| \geq z_\alpha$

예제 6

어느 공정의 모불량률이 0.082이라고 한다. 이 공정에서 임의로 160개를 추출하여 검사한 결과 15개의 불량품 나왔다. 불량률이 달라졌다고 할 수 있는가 유의수준 5%에서 검정하여라.

풀이 ① $H_0 : p = 0.082,\ H_1 : p \neq 0.082$

② 검정통계량

$$Z = \frac{\hat{p} - p_0}{\sqrt{\dfrac{p_0(1-p_0)}{n}}} = \frac{0.0938 - 0.082}{\sqrt{\dfrac{0.082(0.918)}{160}}} = 0.5440$$

$$\hat{p} = \frac{15}{160} = 0.0938$$

③ 유의수준 $\alpha = 0.05$

④ 기각역 : $|Z| \geq z_{0.025} = 1.96$

⑤ $|Z| < 1.96$ 이므로 귀무가설 H_0을 기각할 수 없다.

즉, 불량률이 달라졌다고 말할 수 없다.

예제 7

동전을 50회 던져서 앞면이 30회 나왔다. 이 동전은 바르게 만든 것인지를 유의수준 0.05로 검정하여라.

풀이 $n = 50$, $\hat{p} = \frac{30}{50} = 0.6$이다. $H_0 : p_0 = 0.5$, $H_1 : p_0 \neq 0.5$를 검정한다.

$$Z = \frac{\hat{p} - p_0}{\sqrt{\frac{p_0(1-p_0)}{n}}} = \frac{0.6 - 0.5}{\sqrt{\frac{0.5 \times 0.5}{50}}} = 1.414 < 1.96$$ 이므로

$H_0 : p_0 = 0.5$는 기각할 수 없다.

연습문제

1. A대학의 신입생 전체의 입학성적은 평균이 285점이고 표준편차가 27점인 정규분포를 이루고 있다고 한다. 이 대학의 통계학과 신입생 30명의 평균성적이 293점이라고 할 때, 통계학과 신입생은 전체 신입생에 비해 입학성적이 차이가 있다고 할 수 있는지 유의수준 $\alpha = 0.05$에서 검정하여라.

2. 어떤 공장에서 생산된 1kg용량의 통조림 20개를 임의로 추출하여 조사한 결과 평균이 1007.2g, 표준편차가 30g이었다. 이 때 제품의 용량을 1kg이라고 표시한 것이 옳은지를 유의수준 $\alpha = 0.05$에서 검정하여라.

3. 평균이 280인 정규모집단으로부터 추출한 크기 100인 확률표본의 평균이 $\overline{X} = 287.8$, 표준편차가 $s = 45.5$였다. 표본평균이 모평균과 같다고 할 수 있는지를 유의수준 $\alpha = 0.05$에서 검정하여라.

4. 어느 선거구에서 유권자 1000명을 대상으로 여론조사를 한 결과 특정후보의 지지율이 53%였다고 한다. 이 선거에서 특정후보가 50%이상의 지지율로 당선될 수 있는지 유의수준 $\alpha = 0.05$에서 검정하여라.

5. 모집단의 평균이 12kg, 표준편차가 1.6kg인 자료가 있다. 크기 64인 표본을 추출하여 표본평균을 조사하였더니 11.7kg이었다. 표본평균이 모평균보다 가볍다고 할 수 있는지를 유의수준 $\alpha = 0.05$에서 검정하여라.

6. 어느 회사의 직원 중 25% 미만이 대졸 이상의 학력을 지니고 있다고 한다. 이 회사의 직원 200명을 임의로 추출하여 조사한 결과 그 중 42명이 대졸 이상의 학력을 가지고 있었다. 이 조사 결과로부터 이 회사의 직원중 25% 미만이 대졸 이상의 학력을 지니고 있다는 말을 지지할 수 있는지를 유의수준 $\alpha = 0.05$에서 검정하여라.

7. A와 B 두 사람이 100번의 승부를 겨루어 A가 55회, B가 45희를 이겼다고 한다. 두 사람의 승부가 백중하다고 말할 수 있는지를 유의수준 $\alpha = 0.05$에서 검정하여라.

8. H담배에는 개피당 타르 함량이 8.0mg이라고 표기되어 있다. 이 담배 20개피를 임의로 추출하여 조사한 결과 평균이 8.3mg, 표준편차가 0.12mg이었다. 이 조사 결과 실제 타르 함량이 표기된 함량보다 많다고 할 수 있는지를 유의수준 $\alpha = 0.05$에서 검정하여라.

9. 동전을 이용한 우유 자동판매기는 우유 용량이 150ml가 되도록 설계되어져 있다. 자동판매기 주인은 기계에서 나오는 우유 용량이 너무 많다고 믿고 있다. 이를 조사하기 위해 8개의 컵을 표본추출하였다. 조사결과는 다음과 같다.

160 153 150 160 141 155 147 150

위의 자료를 이용하여 $\alpha = 0.01$에서 자판기 우유용량을 150ml라고 할 수 있는지 검정하여라.

10. 유치원 교사의 이직률이 높아서 평균재직기간이 $\mu = 20$개월이라고 한다. 유치원 교사 10명을 추출해서 다음과 같은 재직기간을 얻었다.

16 28 20 34 22 18 30 22 25 15

$\mu = 20$개월이라는 가설을 유의수준 5%로 검정하여라.

11. "아침에 공부하는 학생이 저녁에 공부하는 학생보다 더 좋은 수학 점수를 받을 것이다."라는 가설을 세웠다. 아침에 공부하는 학생의 집단의 평균을 μ_1, 저녁에 공부하는 학생의 집단의 평균을 μ_2라 할 때 학기말 시험을 본 결과 귀무가설을 구하여라.

제11장

두 모집단의 비교

■ 본장의 개요

이제까지 모집단이 하나인 경우의 모평균과 모비율에 대한 구간추정과 검정을 다루었다. 이 장에서는 두 집단의 모평균과 모비율의 비교에 대해서 알아보려고 한다.

예를 들면 어떤 약품회사에서 새로운 약을 개발했는데 이 새로운 약의 효능을 비교하기 위해서 두 모집단을 다음과 같이 비교한다. 한 모집단에는 새로운 약을 먹이고, 다른 모집단은 어떠한 약도 투여하지 않고 일정기간 지난 후 두 집단을 비교함으로써 새로운 약의 효능을 검토한다.

다음과 같이 두 모집단을 비교하는 방법에는 두 가지가 있다.

- **독립인 두 표본** : 두 모집단에서 독립적으로 임의표본을 추출하고, 추출된 표본의 평균을 구하여 이를 비교함으로써 두 모평균을 비교한다. 이와 같이 추출된 표본을 독립표본이라 한다.
- **대응표본** : 고혈압에 효과적이라는 어떤 약을 임상실험하기 위해서 고혈압 환자 n명을 추출하였다. i번째 환자에 대해서 약을 투여하기 전의 혈압을 X_i, 약을 투여한 후의 혈압을 Y_i라 한다면 (X_1, Y_1), $(X_2, Y_2), \ldots, (X_n, Y_n)$은 서로 독립인 n쌍의 표본이 되며, 이 n쌍의 표본을 대응표본(paired sample)이라 한다.

1절에서는 두 표본이 독립인 경우의 모평균의 차에 대한 추론을 알아보고 2절에서는 대응표본의 모평균의 차에 대한 추론을 알아본다.

11.1 두 표본이 독립인 경우의 비교

11.1.1 모분산을 아는 경우 모평균의 차에 대한 추론

모집단 1은 모평균 μ_1, 모분산 σ_1^2인 정규분포를 따르고, 모집단 2는 모평균 μ_2, 모분산 σ_2^2인 정규분포를 따른다고 하자.

모집단 1에서 크기 n_1의 임의표본을 $X_1, X_2, \ldots, X_n$이라 하고, 모집단 2에서 크기 n_1의 임의표본을 $Y_1, Y_2, \ldots, Y_n$라 하자. $X_1, X_2, \ldots, X_n$과 $Y_1, Y_2, \ldots, Y_n$은 서로 독립이다.

두 모평균의 차에 대한 추론문제를 연구하기 위하여 먼저 다음과 같은 통계량을 상기하자.

표본		통 계 량
모집단 1에서의 임의표본 $X_1, X_2, \ldots, X_n$	$\overline{X} = \dfrac{1}{n_1}\sum_{i=1}^{n_1} X_i$	$s_1^2 = \dfrac{\sum_{i=1}^{n_1}(X_i - \overline{X})^2}{n_1 - 1}$
모집단 2에서의 임의표본 $Y_1, Y_2, \ldots, Y_n$	$\overline{Y} = \dfrac{1}{n_2}\sum_{i=1}^{n_2} Y_i$	$s_2^2 = \dfrac{\sum_{i=1}^{n_2}(Y_i - \overline{Y})^2}{n_2 - 1}$

$\overline{X}$는 정규분포 $N\left(\mu_1, \dfrac{\sigma_1^2}{n_1}\right)$을 따르고 $\overline{Y}$는 정규분포 $N\left(\mu_2, \dfrac{\sigma_2^2}{n_2}\right)$를 따른다. $\overline{X}$와 $\overline{Y}$는 독립이므로 $\overline{X} - \overline{Y}$의 기댓값과 분산은 다음과 같다.

$$E(\overline{X} - \overline{Y}) = E(\overline{X}) - E(\overline{Y}) = \mu_1 - \mu_2$$

$$Var(\overline{X} - \overline{Y}) = Var(\overline{X}) + Var(\overline{Y}) = \frac{\sigma_1^2}{n_1} + \frac{\sigma_2^2}{n_2}$$

따라서 $\overline{X} - \overline{Y}$는 평균이 $\mu_1 - \mu_2$이고 분산이 $\dfrac{\sigma_1^2}{n_1} + \dfrac{\sigma_2^2}{n_2}$인 정규분포를 따른다.

표본정규 확률변수 $Z = \dfrac{(\overline{X} - \overline{Y}) - (\mu_1 - \mu_2)}{\sqrt{\dfrac{\sigma_1^2}{n_1} + \dfrac{\sigma_2^2}{n_2}}}$는 표본정규분포 $N(0, 1)$을 따른다.

9장에서와 마찬가지 방법으로 $\mu_1 - \mu_2$의 신뢰구간을 구하면 다음과 같다.

모분산을 알고, 독립인 두 정규모집단의 모평균의 차 $\mu_1 - \mu_2$의 $100(1-\alpha)\%$ 신뢰구간

$$\left(\overline{X}-\overline{Y}-z_{\alpha/2}\sqrt{\frac{\sigma_1^2}{n_1}+\frac{\sigma_2^2}{n_2}},\ \overline{X}-\overline{Y}+z_{\alpha/2}\sqrt{\frac{\sigma_1^2}{n_1}+\frac{\sigma_2^2}{n_2}}\right)$$

그리고 10장에서와 마찬가지로 $\mu_1 - \mu_2$의 가설검정법을 구하면 다음과 같다.

$\mu_1 - \mu_2$의 가설검정

1. 검정통계량 $Z=\dfrac{(\overline{X}-\overline{Y})-\delta_0}{\sqrt{\dfrac{\sigma_1^2}{n_1}+\dfrac{\sigma_2^2}{n_2}}}$

2. 귀무가설과 대립가설, 유의수준 α인 기각역은 각각 다음과 같다.

$H_0 : \mu_1 - \mu_2 \le \delta_0$ $\quad H_1 : \mu_1 - \mu_2 > \delta_0$ $\quad Z \ge z_\alpha$

$H_0 : \mu_1 - \mu_2 \ge \delta_0$ $\quad H_1 : \mu_1 - \mu_2 < \delta_0$ $\quad Z \le -z_\alpha$

$H_0 : \mu_1 - \mu_2 = \delta_0$ $\quad H_1 : \mu_1 - \mu_2 \ne \delta_0$ $\quad |Z| \ge z_\alpha$

예제 1

화장비누를 제조 판매하는 회사가 있다. 두 종류의 기계를 설치하여 만드는데 제품의 특성 중에서 강도 차이가 있는가를 검사하려고 한다. 이 검사를 위해 임의로 표본을 추출하여 일정시간 동안 물 속에 담근 후에 조사하였다. 조사 결과 다음과 같은 자료를 얻었다. 여기서 평균수치가 높은 것일수록 강도가 더 높다는 것을 의미한다. 다음의 자료를 이용하여 두 기계로 만든 비누제품의 품질은 같다고 할 수 있는지 유의수준 5%에서 검정하여라.

기계 A	기계 B
$n_1 = 35$	$n_2 = 30$
$\overline{X}= 2.4$	$\overline{Y}= 4.5$
$s_1 = 4.0$	$s_2 = 6.2$

풀이 ① $H_0 : \mu_1 - \mu_2 = 0$, $H_1 : \mu_1 - \mu_2 \ne 0$

② $\alpha = 0.05$

③ $z_{0.025} = \pm 1.96$ 이므로

H_0의 기각역 : $Z_0 > 1.96$ 또는 $Z_0 < -1.96$

H_1의 채택역 : $-1.96 \le Z_0 \le 1.96$

④ 검정통계량

$$\sqrt{\frac{s_1^2}{n_1} + \frac{s_2^2}{n_2}} = \sqrt{\frac{4.0^2}{35} + \frac{6.2^2}{30}} = 1.32$$

$$\therefore |Z_0| = \left| \frac{\overline{X} - \overline{Y}}{\sqrt{\frac{s_1^2}{n_1} + \frac{s_2^2}{n_2}}} \right| = \left| \frac{2.4 - 4.5}{1.32} \right| = 1.59$$

$$|Z_0| = 1.59 < z_{\alpha/2} = 1.96$$

이므로 기각역에 포함되지 않는다. 따라서 H_0는 채택된다.

⑤ 결과의 해석 : 두 기계로 만든 비누제품의 품질의 차이가 있다고 할 수 없다. ■

11.1.2 모분산을 모르는 경우 모평균의 차에 대한 추론

두 모분산을 모를 때 모평균의 차에 대한 추론문제는 표본의 크기가 작을 때 특히 유용하다. 두 모집단은 각각 정규분포를 따르고 $X_1, X_2, \ldots, X_n$과 $Y_1, Y_2, \ldots, Y_n$는 각 모집단에서 추출한 독립인 두 표본이라 하자. 여기서 추가되는 가정으로 두 모집단은 미지의 동일한 모분산을 가진다는 것이다. 즉 $\sigma_1^2 = \sigma_2^2 = \sigma^2$이라는 가정이 하나 더 필요하다.

11.1.1절에서 설명했듯이 $\overline{X} - \overline{Y}$는 평균이 $\mu_1 - \mu_2$이고, 분산 $\sigma^2\left(\frac{1}{n_1} + \frac{1}{n_2}\right)$인 정규분포를 따른다. 표준정규 확률변수 $Z = \frac{(\overline{X} - \overline{Y}) - (\mu_1 - \mu_2)}{\sigma\sqrt{\frac{1}{n_1} + \frac{1}{n_2}}}$는 표준정규분포를 따른다. σ^2을 추정할 때는 두 표본을 합병해서 추정하는데, σ^2의 **합동추정량**(pooled estimator)은 $\sum_{i=1}^{n_1}(X_i - \overline{X})^2 + \sum_{i=1}^{n_2}(Y_i - \overline{Y})^2$을 각각의 자유도의 합인 $(n_1 - 1) + (n_2 - 1)(n_1 + n_2 - 2)$로 나눈 값으로 정의한다. 그러므로 이 합동추정량을 s_p^2으로 나타내면 다음과 같다.

$$s_p^2 = \frac{\sum_{i=1}^{n_1}(X_i - \overline{X})^2 + \sum_{i=1}^{n_2}(Y_i - \overline{Y})^2}{n_1 + n_2 - 2}$$

또한

$$\sum_{i=1}^{n_1}(X_i-\overline{X})^2=(n_1-1)s_1^2,\quad \sum_{i=1}^{n_2}(Y_i-\overline{Y})^2=(n_2-1)s_2^2$$

이므로 s_p^2을 다음과 같이 쓸 수 있다.

$$s_p^2=\frac{(n_1-1)s_1^2+(n_2-1)s_2^2}{n_1+n_2-2}$$

σ^2의 합동추정량

$$s_p^2=\frac{\sum_{i=1}^{n_1}(X_i-\overline{X})^2+\sum_{i=1}^{n_2}(Y_i-\overline{Y})^2}{n_1+n_2-2}=\frac{(n_1-1)s_1^2+(n_2-1)s_2^2}{n_1+n_2-2}$$

표준정규 확률변수 Z에서 σ 대신 합동추정량 s_p를 대입한

$$t=\frac{(\overline{X}-\overline{Y})-(\mu_1-\mu_2)}{s_p\sqrt{\frac{1}{n_1}+\frac{1}{n_2}}}$$

는 자유도 (n_1+n_2-2)인 t분포를 따른다는 것이 알려져 있다. 이 사실을 이용하여 $\mu_1-\mu_2$의 신뢰구간과 가설검정법을 다음과 같이 구할 수 있다.

등분산(미지)이며, 독립인 두 정규모집단의 모평균의 차 $\mu_1-\mu_2$의 $100(1-\alpha)\%$ 신뢰구간

$$\left((\overline{X}-\overline{Y})-t_{\alpha/2}(n_1+n_2-2)s_p\sqrt{\frac{1}{n_1}+\frac{1}{n_2}},\right.$$
$$\left.(\overline{X}-\overline{Y})+t_{\alpha/2}(n_1+n_2-2)s_p\sqrt{\frac{1}{n_1}+\frac{1}{n_2}}\right)$$

여기서, $t_{\alpha/2}(n_1+n_2-2)$는 자유도 n_1+n_2-2인 t분포에서 오른쪽 꼬리부분의 면적이 $\alpha/2$가 되는 t의 값이다.

$\mu_1 - \mu_2$의 가설검정

1. 검정통계량 $t = \dfrac{(\overline{X} - \overline{Y}) - \delta_0}{s_p \sqrt{\dfrac{1}{n_1} + \dfrac{1}{n_2}}}$

2. 귀무가설과 대립가설, 유의수준 인 기각역은 각각 다음과 같다.

(1) $H_0 : \mu_1 - \mu_2 \le \delta_0$ $\quad H_1 : \mu_1 - \mu_2 > \delta_0$ $\quad t \ge t_\alpha(n_1 + n_2 - 2)$

(2) $H_0 : \mu_1 - \mu_2 \ge \delta_0$ $\quad H_1 : \mu_1 - \mu_2 < \delta_0$ $\quad t \le -t_\alpha(n_1 + n_2 - 2)$

(3) $H_0 : \mu_1 - \mu_2 = \delta_0$ $\quad H_1 : \mu_1 - \mu_2 \ne \delta_0$ $\quad |t| \ge t_{\alpha/2}(n_1 + n_2 - 2)$

예제 2

2005년에 초혼연령은 남자가 여자보다 3.2세 많은 것으로 보도된 바 있다. 이러한 보도의 진위를 알아보기 위하여 남자와 여자를 각각 20명씩 표본조사하여 다음 자료를 얻었다. 이 자료를 근거로 보고서의 주장에 대한 타당성을 유의수준 5%에서 검정하여라. 단, 남자와 여자의 초혼연령에 대한 모표준편차는 각가 3.5세와 2.6세이고, 이들 초혼연령은 정규분포를 따른다고 한다.

남 자	32	26	33	31	30	30	34	29	26	34
	33	27	28	28	27	31	30	35	32	32
여자	32	25	26	25	27	28	23	27	28	30
	28	29	25	26	30	30	25	27	26	25

풀이 ① 남자의 평균연령을 μ_1, 여자의 평균연령을 μ_2라 하면, 귀무가설 $H_0 : \mu_1 - \mu_2 = 3.2$에 대한 대립가설 $H_1 : \mu_1 - \mu_2 \ne 3.2$를 설정한다.

② 남자와 여자의 표본에 대한 평균연령을 각가 $\overline{X}$, $\overline{Y}$라 하면, 모표준편차각 가각 $\sigma_1 = 3.5$, $\sigma_2 = 2.6$이므로

$$Z = \frac{\overline{X} - \overline{Y}}{\sqrt{\dfrac{12.25}{20} + \dfrac{6.76}{20}}} = \frac{\overline{X} - \overline{Y} - 3.2}{0.975} \sim N(0, 1) \text{ 이다.}$$

③ 유의수준 $\alpha = 0.05$에 대한 임계값과 기각역을 구한다. 양측검정이므로 임계값은 $z_{0.025} = 1.96$이고, 따라서 기각역은 $R : |Z| \ge 1.96$이다.

④ 검정통계량의 값을 구한다. 두 표본에 대한 표본평균이 각각 $\overline{x} = 30.4$, $\overline{y} = 27.1$이

므로 검정통계량의 관찰값은 다음과 같다.

$$z_0 = \frac{(30.4 - 27.1) - 3.2}{0.975} = 0.102$$

⑤ 검정통계량의 관찰값이 기각역 안에 들어있지 않으므로 귀무가설 H_0을 기각할 수 없다. 즉, 평균 초혼연령은 남성이 여성보다 3.2세 많다는 주장은 타당성을 갖는다.

11.2 대응비교

이제까지 두 임의표본이 두 모집단으로부터 서로 독립적으로 추출된 경우를 다루었다. 그러나 대부분의 실험에서는 두 처리효과가 거의 종속적인 관계를 가지는 경우가 많다. 이 경우에는 두 모집단의 실험단위들을 가능한 한 동질적으로 만들어서 순수한 처리 효과의 차이가 반응 측정값의 차이로 나타나게 하는 것이 바람직하다.

그러나 많은 경우에 동질적인 실험단위를 얻기가 어렵다. 이와 같은 문제점을 해결하는 방법으로 대응의 개념을 이용한다. 즉 실험단위를 동질적인 쌍으로 묶은 다음 각 조의 일부에 처리 1을 적용하고 나머지 일부에 처리 2를 적용하여 각 조 내에서 처리효과의 비교를 쉽게 할 수 있다. 이와 같은 방법으로 각 쌍에서 얻은 관측값의 차를 이용하여 두 모평균을 비교하는 방법을 대응비교(paired comparison)라 한다. 대응비교에서 자료구조는 다음과 같이 나타낼 수 있으며 X와 Y는 각각 처리 1과 처리 2에 의한 반응값을 뜻한다.

대응비교에서의 자료구조

쌍	처리 1	처리 2	차 이
1	X_1	Y_1	$D_1 = X_1 - Y_1$
2	X_2	Y_2	$D_2 = X_2 - Y_2$
⋮	⋮	⋮	⋮
n	X_n	Y_n	$D_n = X_n - Y_n$

여기서 $(X_1, Y_1), (X_2, Y_2), \ldots, (X_n, Y_n)$은 서로 독립이다.

$D_1, D_2, \ldots, D_n$의 표본평균과 표본분산은 각각 다음과 같다.

$$\overline{D} = \frac{1}{n}\sum_{i=1}^{n} D_i, \qquad s_D^2 = \frac{\sum_{i=1}^{n}(D_i - \overline{D})^2}{n-1}$$

또 다음을 얻는다.

$$E(D_i) = E(X_i - Y_i) = \mu_1 - \mu_2$$

$$Var(D_i) = Var(X_i - Y_i) = \sigma_D^2 \quad (\sigma_D^2\text{은 미지})$$

이제 $D_1, D_2, \ldots, D_n$을 $N(\mu_1 - \mu_2,\ \sigma_D^2)$를 따르는 모집단에서 뽑은 임의표본이라고 가정하자. 그러면 $\overline{D} = \frac{1}{n}\sum_{i=1}^{n} D_i$의 분포는 $N(\mu_1 - \mu_2,\ \sigma_D^2/n)$이 된다. 또 σ_D^2의 추정량으로 $s_D^2 = \frac{1}{n-1}\sum_{i=1}^{n}(D_i - \overline{D})^2$을 쓰면 t분포의 정의에 의하여

$$t = \frac{\overline{D} - (\mu_1 - \mu_2)}{s_D/\sqrt{n}}$$

는 자유도 $(n-1)$인 t분포를 따른다.

이를 이용하여 $\mu_1 - \mu_2$의 신뢰구간과 가설검정법을 다음과 같이 구할 수 있다.

모평균의 차에 대한 추론 : 대응비교

$D_i = X_i - Y_i$는 서로 독립이고 $N(\mu_1 - \mu_2,\ \sigma_D^2)$을 따른다고 하자.

1. $\mu_1 - \mu_2$의 $100(1-\alpha)\%$ 신뢰구간

$$\left(\overline{D} - t_{\alpha/2}(n-1)s_D/\sqrt{n},\ \overline{D} + t_{\alpha/2}(n-1)s_D/\sqrt{n}\right)$$

여기서 $t_{\alpha/2}(n-1)$는 자유도 $n-1$인 t분포에서 오른쪽 꼬리부분의 면적이 $\frac{\alpha}{2}$가 되는 t의 값이다.

2. 귀무가설 $H_0 : \mu_1 - \mu_2 = \delta_0$를 검정하기 위한 검정통계량

$$t = \frac{\overline{D} - \delta_0}{s_D/\sqrt{n}}$$

는 H_0가 참일 때 자유도 $n-1$인 t분포를 따른다.

예제 3

남학생 사교클럽에 있는 회원이 그들 성적에 유익한지 또는 손해인지를 결정하기 위하여 다음과 같은 성적평균을 5년 동안 모았다. 모집단이 정규분포를 따른다고 가정하여 사교클럽의 회원은 그들 성적에 손해가 되는지를 유의수준 0.025로 검정하여라.

	년				
	1	2	3	4	5
사교클럽 회원	2.0	2.0	2.3	2.1	2.4
사교클럽 비회원	2.2	1.9	2.5	2.3	2.4

풀이 μ_1, μ_2를 각각 회원과 비회원의 성적이라 하자.

① $H_0 : \mu_1 = \mu_2,\ H_1 : \mu_1 < \mu_2$

② $\alpha = 0.025$

③ 기각역 $t < -2.776$, 한편

$$t = \frac{\bar{d} - d_0}{s_d / \sqrt{n}},\ \text{자유도: } 4$$

④ 계산

회 원	비회원	d_i	d_i^2
2.0	2.2	-0.2	0.04
2.0	1.9	0.1	0.01
2.3	2.5	-0.2	0.04
2.1	2.3	-0.2	0.04
2.4	2.4	0.0	0.00
		-0.5	0.13

$$\bar{d} = \frac{1}{5}(-0.5) = -0.1$$

$$s_d^2 = \frac{n\sum_{i=1}^{n} d_i^2 - \left(\sum_{i=1}^{n} d_i\right)^2}{n(n-1)} = \frac{5 \times 0.13 - (-0.5)^2}{5 \times 4} = 0.02$$

$$s_d = \sqrt{0.02} = 0.14142$$

$$t = \frac{-0.1}{0.14142/\sqrt{5}} = -1.58$$

⑤ 결정 : $t = -1.58 > -2.776$ 이므로 H_0를 기각할 수 없다. 따라서, 사교클럽의 회원은 그들 성적에 유의적으로 영향을 받지 않는다라고 결론을 내릴 수 있다.

연습문제

1. 한 제조업자는 실 A의 평균장력이 실 B의 평균장력보다 적어도 12kg이나 능가한다고 주장한다. 이 주장을 검정하기 위하여 각가의 실 50개 조각을 같은 조건 하에서 조사하였다. A형의 실은 평균장력이 86.7kg, 표준편차 6.28kg이었고 B형의 실은 평균장력이 77.8kg, 표준편차 5.61kg이었다. 제조자의 주장을 유의수준 0.05로 검정하여라.

2. 두 독립 정규모집단으로부터 크기 $n_1 = 11$, $n_2 = 14$의 두 확률표본은 $\overline{x_1} = 75$, $\overline{x_2} = 60$, $s_1 = 6.1$, $s_2 = 5.3$을 얻었다. 대립가설 $\mu_1 \neq \mu_2$에 대한 $\mu_1 = \mu_2$인 가설을 유의수준 0.05로 검정하여라. 모분산 $\sigma_1^2 = \sigma_2^2$이라고 가정한다.

3. 한 조사팀은 물리학자강좌의 주제가 실험이 그 강좌의 한 부분으로 구성되었을 때 이해가 더 나은지를 결정하려고 한다. 실험이 없는 3학점짜리 강좌와 실험이 있는 4학점짜리 강좌를 학생들이 선택하도록 허락되었다. 실험이 있는 강좌에서 11명 학생의 평균점수는 85점이고 표준편차가 4.7점이었다. 한편 실험이 없는 강좌에서 17명 학생의 평균점수는 79점이고 표준편차는 6.1점이었다. 실험실 강좌가 평균 8점이나 증가되었는지를 유의수준 0.01로 검정하여라. 모집단은 분산이 같은 정규모집단으로 가정하여라.

4. 다음 자료는 두 개의 영화회사에서 제작된 필름의 상영시간을 나타낸 것이다.

	시간(단위 분)						
회사1	102	86	98	109	92		
회사2	81	165	97	134	92	87	114

회사2에서 제작된 필름의 평균상영시간이 회사1에서 제작된 필름의 평균상영시간보다 10분이나 더 길다는 가설을 검정하여라. 단, 차이가 10분 이상이라는 단측대립가설에 대한 가설을 검정한다. 유의수준 0.1이고 시간의 분포는 정규분포에 따른다고 한다.

5. 상표 A와 상표 B의 타이어의 주행거리에 따른 타이어 수명을 비교하려고 두 상표 A, B의 타이어를 임의로 추출된 8대의 택시에 끼고 주행하여 다음과 같은 자료를 얻었다.(단위 km). 대립가설 $\mu_1 < \mu_2$에 대한 $\mu_1 = \mu_2$인 가설을 유의수준 0.01로 검정하여라.

택 시	상표 A	상표 B
1	34400	36700
2	45500	46800
3	36700	37700
4	32000	31100
5	48400	47800
6	32800	36400
7	38100	38900
8	30100	31500

6. 한 택시회사는 벨트 타이어 대신 레디얼 타이어의 사용이 연료소모를 증가시키는지를 해결하려고 한다. 12대의 자동차에 레디얼 타이어를 끼고 다시 검사 코스를 주행하였다. 매 리터당 주행거리는 다음과 같다(단위 km).
레디얼 타이어를 낀 자동차가 벨트 타이어를 낀 차보다 연료소모가 더 많은지 유의수준 0.025로 검정하여라. 모집단은 정규분포에 따른다고 한다.

자 동 차	리터당 주행거리	
	레디얼 타이어	벨트타이어
1	4.2	4.1
2	4.7	4.9
3	6.6	6.2
4	7.0	6.9
5	6.7	6.8
6	4.5	4.4
7	5.7	5.7
8	6.0	5.8
9	7.4	6.9
10	4.9	4.7
11	6.1	6.0
12	5.2	4.9

연습문제 해답

제1장 자료의 정리

1. (1) 질적 (2) 양적 (3) 양적 (4) 질적 (5) 양적 (6) 양적 **3.** 6
4. (1) 추측통계학 (2) 기술통계학 (3) 기술통계학 (4) 추측통계학 (5) 추측통계학

제2장 대표값

1. 0 **2.** 3.3 **3.** 7 **4.** $\bar{x}=4,\ M_e=3.5,\ M_o=4$ **5.** 중앙값 183cm
6. 중앙값 67, $Q_1=65.64,\ Q_3=69.61$, 최빈값 67 **7.** 23 **8.** 7.47 **10.** 70.4 **11.** 77.64

제3장 산포도

1. 평균편차: 5/3, 범위: 7분 **2.** 분산: 15.05, 표준편차: 3.88 **3.** 평균: 9, 표준편차: 4.359 **4.** 5.94
5. 분산: 6.70, 평균: 7.14 **6.** A의 산포도가 더 작다. **7.** $\frac{141.4}{3}$ **8.** 세 집단의 변이계수 모두 같다.
9. (1) 산술평균 (2) 분산 **10.** 1차: 0, 2차: 21.67, 3차: 30 **11.** 0 **12.** 왜도: 0.297, 첨도: 1.63
13. 왼쪽 꼬리분포이며 정규분포형보다 높고 뾰족한 모양 **14.** 4

제4장 확률

1. 120 **2.** 25 **3.** 1440 **4.** 8 **5.** 90 **6.** 34 **7.** 195 **8.** 1806 **9.** 45 **10.** 30 **11.** $\frac{1}{3}$ **12.** $\frac{1}{35}$
13. $\frac{5}{28}$ **14.** $\frac{3}{5}$ **15.** $\frac{31}{33}$ **16.** $\frac{22}{105}$ **17.** $\frac{1}{6}$ **18.** $\frac{11}{17}$ **19.** $\frac{20}{61}$ **20.** $\frac{3}{4}$ **21.** $\frac{2}{15}$

제5장 확률분포

1.

x	0	1	2	3
$P(X=x)$	0.214	0.428	0.268	0.036

2. 460만원 3. 2.6 4. 64 5. $\frac{1}{2}$, $\frac{\sqrt{5}}{10}$ 6. 1000만원,40만원 7. $a=1$, $b=2$ 8. $\frac{3}{4}$, $\frac{3}{80}$ 9. 1337

10. $F(x)=\begin{cases}0, & x<0\\ \frac{1}{4}, & 0\le x<1\\ \frac{3}{4}, & 1\le x<2\\ 1, & x\ge 2\end{cases}$ 11. $F(x)=\begin{cases}0, & x<0\\ 1-e^{-x}, & x\ge 0\end{cases}$ 12. $F(1)-F(0)=\frac{1}{9}$

13. (1) $E(P)=6.8$, $E(Q)=35$ (2) $Cov(P,Q)=-2.0$
(3) $\rho=-0.408$ 즉, 가격과 판매량은 반대방향으로 움직인다.

14. 독립 아님

제6장 이산확률분포

1. 0.25 2. 0.9915 3. 6명,2.19명 4. 0.082 5. 0.2381 6. 2.236 7. 0.28 8. 0.375,0.3113

9. 0.0819 10. 0.032,0.25,0.559 11. (1) $f(x)=\binom{x-1}{3-1}(0.52)^3(0.48)^{x-3}$ (2) 5.33

12. 200가구

제7장 연산확률분포

1. 22등 2. (1) 0.0228(2) 0.1525(3) 0.1359 3. 0.0228 4. (1) 0.0478(2) 0.3695(3) 0.5952 5. 약 368명

6. (1) 0.3085(2) 85.12 7. 0.0013 8. 0.8426

제8장 표본분포

1. 0.0082 2. ③ 3. 5.16% 4. $n=64$ 5. t-분포 6. n 7. 0.0099 8. (1) $\chi^2(30)$ (2) 0.7320

9. $E[\overline{p}]=0.1$, $\sigma[\overline{p}]=0.095$

제9장 추정

1. $\hat{p}=\frac{X}{n}$ 2. (489.68, 510.32) 3. (1174.2, 1225.8) 4. (0.374, 18.826) 5. (144.456, 155.544)

6. (9.167, 12.433) 7. (165.02, 166.98) 8. (51.385, 76.043) 9. (13.8, 16.6) 10. (14.2869, 16.6331)

11. $\hat{\sigma}=2.27$ 12. (0.304, 0.496) 13. (0.88, 0.92) 14. 27명이상 15. $\hat{\mu}=2.724$, $\hat{\sigma}^2=0.0054$

제10장 검정

1. $H_0 : \mu = 285$을 기각하지 못한다. **2.** $H_0 : \mu = 1kg$을 기각하지 못한다.
3. $H_0 : \mu = 280$을 기각하지 못한다. **4.** $H_0 : p = 0.5$을 기각시킨다. **5.** 가볍다고 할 수 없다.
6. 지지할 수 없다. **7.** 백중하다. **8.** 표기된 함량보다 많다. **9.** 우유용량은 150ml라고 할 수 있다.
10. $H_0 : \mu = 20$을 채택한다. **11.** $\mu_1 = \mu_2$

제11장 두 모집단의 비교

1. $z = -2.60$, H_0를 기각 $\mu_A - \mu_B < 12$ **2.** $t = 6.58$, H_0를 기각 $\mu_1 > \mu_2$ **3.** $t = -0.92$, 그렇다
4. $t' = 0.22$, H_0를 채택 **5.** $t = -2.16$, H_0를 채택 **6.** $t = 2.45$, 그렇다.

부록

- 1. 누적 이항분포표
- 2. 누적 Poisson 분포표
- 3. 표준정규분포표
- 4. $t-$분포표
- 5. χ^2-분포표
- 6. $F-$분포표
- 7. 난수표

[표 1] 누적 이항분포표 : $P(X \le c) = \sum_{x=0}^{c} \binom{n}{r} p^{n-x}$

							p					
	c	**.05**	**.10**	**.20**	**.30**	**.40**	**.50**	**.60**	**.70**	**.80**	**.90**	**.95**
$n=1$	0	.950	.900	.800	.700	.600	.500	.400	.300	.200	.100	.050
	1	1.000	1.000	1.000	1.000	1.000	1.000	1.000	1.000	1.000	1.000	1.000
$n=2$	0	.902	.810	.640	.490	.360	.250	.160	.090	.040	.010	.002
	1	.997	.990	.960	.910	.840	.750	.640	.510	.360	.190	.097
	2	1.000	1.000	1.000	1.000	1.000	1.000	1.000	1.000	1.000	1.000	1.000
$n=3$	0	.857	.729	.512	.343	.216	.125	.064	.027	.008	.001	.000
	1	.993	.972	.896	.784	.648	.500	.352	.216	.104	.028	.007
	2	1.000	.999	.992	.973	.936	.875	.784	.657	.488	.271	.143
	3	1.000	1.000	1.000	1.000	1.000	1.000	1.000	1.000	1.000	1.000	1.000
$n=4$	0	.815	.656	.410	.240	.130	.063	.026	.008	.002	.000	.000
	1	.986	.948	.819	.652	.475	.313	.179	.084	.027	.004	.000
	2	1.000	.996	.973	.916	.821	.688	.525	.348	.181	.052	.014
	3	1.000	1.000	.998	.992	.974	.938	.870	.760	.590	.344	.185
	4	1.000	1.000	1.000	1.000	1.000	1.000	1.000	1.000	1.000	1.000	1.000
$n=5$	0	.774	.590	.328	.168	.078	.031	.010	.002	.000	.000	.000
	1	.977	.919	.737	.528	.337	.188	.087	.031	.007	.000	.000
	2	.999	.991	.942	.837	.683	.500	.317	.163	.058	.009	.001
	3	1.000	1.000	.993	.969	.913	.813	.663	.472	.263	.081	.023
	4	1.000	1.000	1.000	.998	.990	.969	.922	.832	.672	.410	.226
	5	1.000	1.000	1.000	1.000	1.000	1.000	1.000	1.000	1.000	1.000	1.000
$n=6$	0	.735	.590	.262	.118	.047	.016	.004	.001	.000	.000	.000
	1	.967	.919	.655	.420	.233	.109	.041	.011	.002	.000	.000
	2	.998	.991	.901	.744	.544	.344	.179	.070	.017	.001	.000
	3	1.000	.999	.983	.930	.821	.656	.456	.256	.099	.016	.002
	4	1.000	1.000	.998	.989	.959	.891	.767	.580	.345	.114	.033
	5	1.000	1.000	1.000	.999	.996	.984	.953	.882	.738	.469	.265
	6	1.000	1.000	1.000	1.000	1.000	1.000	1.000	1.000	1.000	1.000	1.000
$n=7$	0	.698	.478	.210	.082	.028	.008	.002	.000	.000	.000	.000
	1	.956	.850	.577	.329	.159	.063	.019	.004	.000	.000	.000
	2	.996	.974	.852	.647	.420	.227	.096	.029	.005	.000	.000
	3	1.000	.997	.967	.874	.710	.500	.290	.126	.033	.003	.000
	4	1.000	1.000	.995	.971	.904	.773	.580	.353	.148	.026	.004

〈계속〉

	c	.05	.10	.20	.30	.40	.50	.60	.70	.80	.90	.95
							p					
$n=7$	5	1.000	1.000	1.000	.996	.981	.938	.841	.671	.423	.150	.044
	6	1.000	1.000	1.000	1.000	.998	.992	.972	.918	.790	.522	.302
	7	1.000	1.000	1.000	1.000	1.000	1.000	1.000	1.000	1.000	1.000	1.000
$n=8$	0	.663	.430	.168	.058	.017	.004	.001	.000	.000	.000	.000
	1	.943	.813	.503	.255	.106	.035	.009	.001	.000	.000	.000
	2	.994	.962	.797	.552	.315	.145	.050	.011	.001	.000	.000
	3	1.000	.995	.944	.806	.594	.363	.174	.058	.010	.000	.000
	4	1.000	1.000	.990	.942	.826	.637	.406	.194	.056	.005	.000
	5	1.000	1.000	.999	.989	.950	.855	.685	.448	.203	.038	.006
	6	1.000	1.000	1.000	.999	.991	.965	.894	.745	.497	.187	.057
	7	1.000	1.000	1.000	1.000	.999	.996	.983	.942	.832	.570	.337
	8	1.000	1.000	1.000	1.000	1.000	1.000	1.000	1.000	1.000	1.000	1.000
$n=9$	0	.630	.387	.134	.040	.010	.002	.000	.000	.000	.000	.000
	1	.929	.775	.436	.196	.071	.020	.004	.000	.000	.000	.000
	2	.992	.947	.738	.463	.232	.090	.025	.004	.000	.000	.000
	3	.999	.992	.914	.730	.483	.254	.099	.025	.003	.000	.000
	4	1.000	.999	.980	.901	.733	.500	.267	.099	.020	.001	.000
	5	1.000	1.000	.997	.975	.901	.746	.517	.270	.086	.008	.001
	6	1.000	1.000	1.000	.996	.975	.910	.768	.537	.262	.053	.008
	7	1.000	1.000	1.000	1.000	.996	.980	.929	.804	.564	.225	.071
	8	1.000	1.000	1.000	1.000	1.000	.998	.990	.960	.866	.613	.370
	9	1.000	1.000	1.000	1.000	1.000	1.000	1.000	1.000	1.000	1.000	1.000
$n=10$	0	.599	.349	.107	.028	.006	.001	.000	.000	.000	.000	.000
	1	.914	.736	.376	.149	.046	.011	.002	.000	.000	.000	.000
	2	.988	.930	.678	.383	.167	.055	.012	.002	.000	.000	.000
	3	.999	.987	.879	.650	.382	.172	.055	.011	.001	.000	.000
	4	1.000	.998	.967	.850	.633	.377	.166	.047	.006	.000	.000
	5	1.000	1.000	.994	.953	.834	.623	.367	.150	.033	.002	.000
	6	1.000	1.000	.999	.989	.945	.828	.618	.350	.121	.013	.001
	7	1.000	1.000	1.000	.998	.988	.945	.833	.617	.322	.070	.012
	8	1.000	1.000	1.000	1.000	.998	.989	.954	.851	.624	.264	.086
	9	1.000	1.000	1.000	1.000	1.000	.999	.994	.972	.893	.651	.401
	10	1.000	1.000	1.000	1.000	1.000	1.000	1.000	1.000	1.000	1.000	1.000

〈계속〉

	c	p .05	.10	.20	.30	.40	.50	.60	.70	.80	.90	.95
$n=11$	0	.569	.314	.086	.020	.004	.000	.000	.000	.000	.000	.000
	1	.898	.697	.322	.113	.030	.006	.001	.000	.000	.000	.000
	2	.985	.910	.617	.313	.119	.033	.006	.001	.000	.000	.000
	3	.998	.981	.839	.570	.296	.113	.029	.004	.000	.000	.000
	4	1.000	.97	.950	.790	.533	.274	.099	.022	.002	.000	.000
	5	1.000	1.000	.988	.922	.753	.500	.247	.078	.012	.000	.000
	6	1.000	1.000	.998	.978	.901	.726	.467	.210	.050	.003	.000
	7	1.000	1.000	1.000	.996	.971	.887	.704	.430	.161	.019	.002
	8	1.000	1.000	1.000	.999	.994	.967	.881	.687	.383	.090	.015
	9	1.000	1.000	1.000	1.000	.999	.994	.970	.887	.678	.303	.102
	10	1.000	1.000	1.000	1.000	1.000	1.000	.996	.980	.914	.686	.431
	11	1.000	1.000	1.000	1.000	1.000	1.000	1.000	1.000	1.000	1.000	1.000
$n=12$	0	.540	.282	.069	.014	.002	.000	.000	.000	.000	.000	.000
	1	.882	.689	.275	.085	.020	.003	.000	.000	.000	.000	.000
	2	.980	.889	.558	.253	.083	.019	.003	.000	.000	.000	.000
	3	.998	.974	.795	.493	.225	.073	.015	.002	.000	.000	.000
	4	1.000	.996	.927	.724	.438	.194	.057	.009	.001	.000	.000
	5	1.000	.999	.981	.882	.665	.387	.158	.039	.004	.000	.000
	6	1.000	1.000	.996	.961	.842	.613	.335	.118	.019	.001	.000
	7	1.000	1.000	.999	.991	.943	.806	.562	.276	.073	.004	.000
	8	1.000	1.000	1.000	.998	.985	.927	.775	.507	.205	.026	.002
	9	1.000	1.000	1.000	1.000	.997	.981	.917	.747	.442	.111	.020
	10	1.000	1.000	1.000	1.000	1.000	.997	.980	.915	.725	.341	.118
	11	1.000	1.000	1.000	1.000	1.000	1.000	.998	.986	.931	.718	.460
	12	1.000	1.000	1.000	1.000	1.000	1.000	1.000	1.000	1.000	1.000	1.000
$n=13$	0	.513	.254	.055	.010	.001	.000	.000	.000	.000	.000	.000
	1	.865	.621	.234	.064	.013	.002	.000	.000	.000	.000	.000
	2	.975	.866	.502	.202	.058	.011	.001	.000	.000	.000	.000
	3	.997	.966	.747	.421	.169	.046	.008	.001	.000	.000	.000
	4	1.000	.994	.901	.654	.353	.133	.032	.004	.000	.000	.000
	5	1.000	.999	.970	.835	.574	.291	.098	.018	.001	.000	.000
	6	1.000	1.000	.993	.938	.771	.500	.229	.062	.007	.000	.000
	7	1.000	1.000	.999	.982	.902	.709	.426	.165	.030	.001	.000
	8	1.000	1.000	1.000	.996	.968	.867	.647	.346	.099	.006	.000

〈계속〉

		p										
	c	.05	.10	.20	.30	.40	.50	.60	.70	.80	.90	.95
	9	1.000	1.000	1.000	.999	.992	.954	.831	.579	.253	.034	.003
	10	1.000	1.000	1.000	1.000	.999	.989	.942	.798	.498	.134	.025
	11	1.000	1.000	1.000	1.000	1.000	.998	.987	.936	.766	.379	.135
	12	1.000	1.000	1.000	1.000	1.000	1.000	.999	.990	.945	.746	.487
	13	1.000	1.000	1.000	1.000	1.000	1.000	1.000	1.000	1.000	1.000	1.000
$n=14$	0	.488	.229	.044	.007	.001	.000	.000	.000	.000	.000	.000
	1	.847	.585	.198	.047	.008	.001	.000	.000	.000	.000	.000
	2	.970	.842	.448	.161	.040	.116	.001	.000	.000	.000	.000
	3	.996	.956	.698	.355	.124	.029	.004	.000	.000	.000	.000
	4	1.000	.991	.870	.584	.279	.090	.018	.002	.000	.000	.000
	5	1.000	.999	.956	.781	.486	.212	.058	.008	.000	.000	.000
	6	1.000	1.000	.988	.907	.692	.395	.150	.031	.002	.000	.000
	7	1.000	1.000	.998	.969	.850	.605	.308	.093	.012	.000	.000
	8	1.000	1.000	1.000	.992	.942	.788	.514	.219	.044	.001	.000
	9	1.000	1.000	1.000	.998	.982	.910	.721	.416	.130	.009	.000
	10	1.000	1.000	1.000	1.000	.996	.971	.876	.645	.302	.044	.004
	11	1.000	1.000	1.000	1.000	.999	.994	.960	.839	.552	.158	.030
	12	1.000	1.000	1.000	1.000	1.000	.999	.992	.953	.802	.415	.153
	13	1.000	1.000	1.000	1.000	1.000	1.000	.999	.993	.956	.771	.512
	14	1.000	1.000	1.000	1.000	1.000	1.000	1.000	1.000	1.000	1.000	1.000
$n=15$	0	.463	.206	.035	.005	.000	.000	.000	.000	.000	.000	.000
	1	.829	.549	.167	.035	.005	.000	.000	.000	.000	.000	.000
	2	.964	.816	.398	.127	.027	.004	.000	.000	.000	.000	.000
	3	.995	.944	.648	.297	.091	.018	.002	.000	.000	.000	.000
	4	.999	.987	.836	.515	.217	.059	.009	.001	.000	.000	.000
	5	1.000	.998	.939	.722	.403	.151	.034	.004	.000	.000	.000
	6	1.000	1.000	.982	.869	.610	.304	.095	.015	.001	.000	.000
	7	1.000	1.000	.996	.950	.787	.500	.213	.050	.004	.000	.000
	8	1.000	1.000	.999	.985	.905	.696	.390	.131	.018	.000	.000
	9	1.000	1.000	1.000	.996	.966	.849	.597	.278	.016	.002	.000
	10	1.000	1.000	1.000	.999	.991	.941	.783	.485	.164	.013	.001
	11	1.000	1.000	1.000	1.000	.998	.982	.909	.703	.352	.056	.005
	12	1.000	1.000	1.000	1.000	1.000	.996	.973	.873	.602	.184	.036
	13	1.000	1.000	1.000	1.000	1.000	1.000	.995	.965	.833	.451	.171

〈계속〉

	c	.05	.10	.20	.30	.40	.50	.60	.70	.80	.90	.95
	14	1.000	1.000	1.000	1.000	1.000	1.000	1.000	.995	.965	.794	.537
	15	1.000	1.000	1.000	1.000	1.000	1.000	1.000	1.000	1.000	1.000	1.000
$n=16$	0	.440	.185	.028	.003	.000	.000	.000	.000	.000	.000	.000
	1	.811	.515	.141	.026	.003	.000	.000	.000	.000	.000	.000
	2	.957	.789	.352	.099	.018	.002	.000	.000	.000	.000	.000
	3	.993	.932	.598	.246	.065	.011	.001	.000	.000	.000	.000
	4	.999	.983	.798	.450	.167	.038	.005	.000	.000	.000	.000
	5	1.000	.997	.918	.660	.329	.105	.019	.002	.000	.000	.000
	6	1.000	.999	.973	.825	.527	.227	.058	.007	.000	.000	.000
	7	1.000	1.000	.993	.926	.716	.402	.142	.026	.001	.000	.000
	8	1.000	1.000	.999	.974	.858	.598	.284	.074	.007	.000	.000
	9	1.000	1.000	1.000	.993	.942	.773	.473	.175	.027	.001	.000
	10	1.000	1.000	1.000	.998	.981	.895	.671	.340	.082	.003	.000
	11	1.000	1.000	1.000	1.000	.995	.962	.833	.550	.202	.017	.001
	12	1.000	1.000	1.000	1.000	.999	.989	.935	.754	.402	.068	.007
	13	1.000	1.000	1.000	1.000	1.000	.998	.982	.901	.648	.211	.043
	14	1.000	1.000	1.000	1.000	1.000	1.000	.997	.974	.859	.485	.189
	15	1.000	1.000	1.000	1.000	1.000	1.000	1.000	.997	.972	.815	.560
	16	1.000	1.000	1.000	1.000	1.000	1.000	1.000	1.000	1.000	1.000	1.000
$n=17$	0	.418	.167	.023	.002	.000	.000	.000	.000	.000	.000	.000
	1	.792	.482	.118	.019	.002	.000	.000	.000	.000	.000	.000
	2	.950	.762	.310	.077	.012	.001	.000	.000	.000	.000	.000
	3	.991	.917	.549	.202	.046	.006	.000	.000	.000	.000	.000
	4	.999	.978	.758	.389	.126	.025	.003	.000	.000	.000	.000
	5	1.000	.995	.894	.597	.264	.072	.011	.000	.000	.000	.000
	6	1.000	.999	.962	.775	.448	.166	.035	.001	.000	.000	.000
	7	1.000	1.000	.989	.895	.641	.315	.092	.003	.000	.000	.000
	8	1.000	1.000	.997	.960	.801	.500	.199	.013	.000	.000	.000
	9	1.000	1.000	1.000	.987	.908	.685	.359	.040	.003	.000	.000
	10	1.000	1.000	1.000	.997	.965	.834	.552	.105	.011	.000	.000
	11	1.000	1.000	1.000	.999	.989	.928	.736	.225	.038	.001	.000
	12	1.000	1.000	1.000	1.000	.997	.975	.874	.403	.106	.005	.000
	13	1.000	1.000	1.000	1.000	1.000	.994	.954	.611	.242	.022	.001
	14	1.000	1.000	1.000	1.000	1.000	.999	.988	.798	.451	.083	.009

〈계속〉

	c	.05	.10	.20	.30	.40	p .50	.60	.70	.80	.90	.95
	15	1.000	1.000	1.000	1.000	1.000	1.000	.998	.981	.882	.518	.208
	16	1.000	1.000	1.000	1.000	1.000	1.000	1.000	.998	.977	.833	.582
	17	1.000	1.000	1.000	1.000	1.000	1.000	1.000	1.000	1.000	1.000	1.000
$n=18$	0	.397	.150	.018	.002	.000	.000	.000	.000	.000	.000	.000
	1	.774	.450	.099	.014	.001	.000	.000	.000	.000	.000	.000
	2	.942	.734	.271	.060	.008	.001	.000	.000	.000	.000	.000
	3	.989	.902	.501	.165	.033	.004	.000	.000	.000	.000	.000
	4	.998	.972	.716	.333	.094	.015	.001	.000	.000	.000	.000
	5	1.000	.994	.867	.534	.209	.048	.006	.000	.000	.000	.000
	6	1.000	.999	.949	.722	.374	.119	.020	.001	.000	.000	.000
	7	1.000	1.000	.984	.859	.563	.240	.058	.006	.000	.000	.000
	8	1.000	1.000	.996	.940	.737	.407	.135	.021	.001	.000	.000
	9	1.000	1.000	.999	.979	.865	.593	.263	.060	.004	.000	.000
	10	1.000	1.000	1.000	.994	.942	.760	.437	.141	.016	.000	.000
	11	1.000	1.000	1.000	.999	.980	.881	.626	.278	.051	.001	.000
	12	1.000	1.000	1.000	1.000	.994	.952	.791	.466	.133	.006	.000
	13	1.000	1.000	1.000	1.000	.999	.985	.906	.667	.284	.028	.002
	14	1.000	1.000	1.000	1.000	1.000	.996	.967	.835	.499	.098	.011
	15	1.000	1.000	1.000	1.000	1.000	.999	.992	.940	.729	.266	.058
	16	1.000	1.000	1.000	1.000	1.000	1.000	.999	.986	.901	.550	.226
	17	1.000	1.000	1.000	1.000	1.000	1.000	1.000	.998	.982	.850	.603
	18	1.000	1.000	1.000	1.000	1.000	1.000	1.000	1.000	1.000	1.000	1.000
$n=19$	0	.377	.135	.014	.001	.000	.000	.000	.000	.000	.000	.000
	1	.755	.420	.083	.010	.001	.000	.000	.000	.000	.000	.000
	2	.933	.705	.237	.046	.005	.000	.000	.000	.000	.000	.000
	3	.987	.885	.455	.133	.023	.002	.000	.000	.000	.000	.000
	4	.998	.965	.673	282	.070	.010	.001	.000	.000	.000	.000
	5	1.000	.991	.837	.474	.163	.032	.003	.000	.000	.000	.000
	6	1.000	.998	.932	.666	.308	.084	.012	.001	.000	.000	.000
	7	1.000	1.000	.977	.818	.488	.180	.035	.003	.000	.000	.000
	8	1.000	1.000	.993	.916	.667	.324	.088	.011	.000	.000	.000
	9	1.000	1.000	.998	.967	.814	.500	.186	.033	.002	.000	.000
	10	1.000	1.000	1.000	.989	.912	.676	.333	.084	.007	.000	.000
	11	1.000	1.000	1.000	.997	.965	.820	.512	.182	.023	.000	.000

〈계속〉

						p						
	c	**.05**	**.10**	**.20**	**.30**	**.40**	**.50**	**.60**	**.70**	**.80**	**.90**	**.95**
	12	1.000	1.000	1.000	.999	.988	.916	.692	.334	.068	.002	.000
	13	1.000	1.000	1.000	1.000	.997	.968	.837	.526	.163	.009	.000
	14	1.000	1.000	1.000	1.000	.999	.990	.930	.718	.327	.035	.002
	15	1.000	1.000	1.000	1.000	1.000	.998	.977	.867	.545	.115	.013
	16	1.000	1.000	1.000	1.000	1.000	1.000	.995	.954	.763	.295	.067
	17	1.000	1.000	1.000	1.000	1.000	1.000	.999	.990	.917	.580	.245
	18	1.000	1.000	1.000	1.000	1.000	1.000	1.000	.999	.986	.865	.623
	19	1.000	1.000	1.000	1.000	1.000	1.000	1.000	1.000	1.000	1.000	1.000
$n=20$	0	.358	.122	.012	.001	.000	.000	.000	.000	.000	.000	.000
	1	.736	.392	.069	.008	.001	.000	.000	.000	.000	.000	.000
	2	.925	.677	.206	.035	.004	.000	.000	.000	.000	.000	.000
	3	.984	.867	.411	.107	.016	.001	.000	.000	.000	.000	.000
	4	.997	.957	.630	.238	.051	.006	.000	.000	.000	.000	.000
	5	1.000	.989	.804	.416	.126	.021	.002	.000	.000	.000	.000
	6	1.000	.998	.913	.608	.250	.058	.006	.000	.000	.000	.000
	7	1.000	1.000	.968	.772	.416	.132	.021	.001	.000	.000	.000
	8	1.000	1.000	.990	.887	.596	.252	.057	.005	.000	.000	.000
	9	1.000	1.000	.997	.952	.755	.412	.128	.017	.001	.000	.000
	10	1.000	1.000	.999	.983	.872	.588	.245	.048	.003	.000	.000
	11	1.000	1.000	1.000	.995	.943	.748	.404	.113	.010	.000	.000
	12	1.000	1.000	1.000	.999	.979	.868	.584	.228	.032	.000	.000
	13	1.000	1.000	1.000	1.000	.994	.942	.750	.392	.087	.002	.000
	14	1.000	1.000	1.000	1.000	.998	.979	.874	.584	.196	.011	.000
	15	1.000	1.000	1.000	1.000	1.000	.994	.949	.762	.370	.043	.003
	16	1.000	1.000	1.000	1.000	1.000	.999	.984	.893	.589	.133	.016
	17	1.000	1.000	1.000	1.000	1.000	1.000	.996	.965	.794	.323	.075
	18	1.000	1.000	1.000	1.000	1.000	1.000	.999	.992	.931	.608	.264
	19	1.000	1.000	1.000	1.000	1.000	1.000	1.000	.999	.988	.878	.642
	20	1.000	1.000	1.000	1.000	1.000	1.000	1.000	1.000	1.000	1.000	1.000
$n=25$	0	.277	.072	.004	.000	.000	.000	.000	.000	.000	.000	.000
	1	.642	.271	.027	.002	.000	.000	.000	.000	.000	.000	.000
	2	.873	.537	.098	.009	.000	.000	.000	.000	.000	.000	.000
	3	.966	.764	.234	.033	.002	.000	.000	.000	.000	.000	.000
	4	.993	.902	.421	.090	.009	.000	.000	.000	.000	.000	.000

〈계속〉

						p					
c	.05	.10	.20	.30	.40	.50	.60	.70	.80	.90	.95
5	.999	.967	.617	.193	.029	.002	.000	.000	.000	.000	.000
6	1.000	.991	.780	.341	.074	.007	.000	.000	.000	.000	.000
7	1.000	.998	.891	.512	.154	.022	.001	.000	.000	.000	.000
8	1.000	1.000	.953	.677	.274	.054	.004	.000	.000	.000	.000
9	1.000	1.000	.983	.811	.425	.115	.013	.000	.000	.000	.000
10	1.000	1.000	.994	.902	.586	.212	.034	.002	.000	.000	.000
11	1.000	1.000	.998	.956	.732	.345	.078	.006	.000	.000	.000
12	1.000	1.000	1.000	.983	.846	.500	.154	.017	.000	.000	.000
13	1.000	1.000	1.000	.994	.822	.655	.268	.044	.002	.000	.000
14	1.000	1.000	1.000	.998	.966	.788	.414	.098	.006	.000	.000
15	1.000	1.000	1.000	1.000	.987	.885	.575	.189	.017	.000	.000
16	1.000	1.000	1.000	1.000	.996	.946	.726	.323	.047	.000	.000
17	1.000	1.000	1.000	1.000	.999	.978	.846	.488	.109	.002	.000
18	1.000	1.000	1.000	1.000	1.000	.993	.926	.659	.220	.009	.000
19	1.000	1.000	1.000	1.000	1.000	.998	.971	.807	.383	.033	.001
20	1.000	1.000	1.000	1.000	1.000	1.000	.991	.910	.579	.098	.007
21	1.000	1.000	1.000	1.000	1.000	1.000	.998	.967	.766	.236	.034
22	1.000	1.000	1.000	1.000	1.000	1.000	1.000	.991	.902	.463	.127
23	1.000	1.000	1.000	1.000	1.000	1.000	1.000	.998	.973	.729	.358
24	1.000	1.000	1.000	1.000	1.000	1.000	1.000	1.000	.996	.928	.723
25	1.000	1.000	1.000	1.000	1.000	1.000	1.000	1.000	1.000	1.000	1.000

[표 2] 누적 Poisson 분포표 : $P(X \le c) = \sum_{x=0}^{c} \left(\frac{e^{-x} m^{x}}{x!} \right)$

					m					
c	**.10**	**.20**	**.30**	**.40**	**.50**	**.60**	**.70**	**.80**	**.90**	**.100**
0	.905	.819	.741	.670	.607	.549	.497	.449	.407	.368
1	.995	.982	.963	.938	.910	.878	.844	.809	.772	.736
2	1.000	.999	.996	.992	.986	.977	.966	.953	.937	.920
3	1.000	1.000	1.000	.999	.998	.997	.994	.991	.987	.981
4	1.000	1.000	1.000	1.000	1.000	1.000	.999	.999	998	.996
5	1.000	1.000	1.000	1.000	1.000	1.000	1.000	1.000	1.000	.999
6	1.000	1.000	1.000	1.000	1.000	1.000	1.000	1.000	1.000	1.000
7	1.000	1.000	1.000	1.000	1.000	1.000	1.000	1.000	1.000	1.000

					m					
c	**1.10**	**1.20**	**1.30**	**1.40**	**1.50**	**1.60**	**1.70**	**1.80**	**1.90**	**2.100**
0	.333	.301	.273	.247	.223	.202	.183	.165	.150	.135
1	.699	.663	.627	.592	.558	.525	.493	.493	.434	.406
2	.900	.879	.857	.833	.809	.783	.757	.731	.704	.677
3	.974	.966	.957	.946	.934	.921	.967	.891	.875	.857
4	.995	.992	.989	.986	.981	.976	.970	.964	.954	.900
5	.999	.998	.998	.997	.996	.994	.992	.990	.987	.983
6	1.000	1.000	1.000	.999	.999	.999	.998	.997	.997	.995
7	1.000	1.000	1.000	1.000	1.000	1.000	1.000	.999	.999	.999
8	1.000	1.000	1.000	1.000	1.000	1.000	1.000	1.000	1.000	1.000
9	1.000	1.000	1.000	1.000	1.000	1.000	1.000	1.000	1.000	1.000

					m					
c	**2.10**	**2.20**	**2.30**	**2.40**	**2.50**	**2.60**	**2.70**	**2.80**	**2.90**	**3.100**
0	.122	.111	.100	.091	.082	.074	.067	.061	.055	.050
1	.380	.355	.331	.308	.287	.267	.249	.231	.215	.199
2	.650	.623	.596	.570	.544	.518	.494	.469	.446	.423
3	.839	.819	.799	.779	.758	.736	.714	.692	.670	.647
4	.938	.928	.916	.904	.891	.877	.863	.848	.832	.815
5	.980	.975	.970	.964	.958	.951	.943	.935	.926	.916
6	.994	.993	.991	.988	.986	.983	.979	.976	.971	.966
7	.999	.998	.997	.997	.996	.995	.993	.992	.990	.988
8	1.000	1.000	.999	.999	.999	.999	.998	.998	.997	.996
9	1.000	1.000	1.000	1.000	1.000	1.000	.999	.999	.999	.999
10	1.000	1.000	1.000	1.000	1.000	1.000	1.000	1.000	1.000	1.000
11	1.000	1.000	1.000	1.000	1.000	1.000	1.000	1.000	1.000	1.000
12	1.000	1.000	1.000	1.000	1.000	1.000	1.000	1.000	1.000	1.000

〈계속〉

c	3.10	3.20	3.30	3.40	3.50	3.60	3.70	3.80	3.90	4.100
	m									
0	.045	.041	.037	.033	.030	.027	.025	.022	.020	.018
1	.185	.171	.159	.147	.136	.126	.116	.107	.099	.092
2	.401	.280	.359	.340	.321	.303	.285	.269	.253	.238
3	.625	.603	.580	.558	.537	.515	.494	.473	.453	.433
4	.798	.781	.763	.744	.725	.706	.687	.668	.648	.629
5	.906	.895	.883	.871	.858	.844	.830	.816	.801	.785
6	.961	.955	.949	.942	.935	.927	.918	.909	.899	.889
7	.986	.983	.980	.977	.973	.969	.965	.960	.955	.949
8	.995	.994	.993	.992	.990	.988	.986	.984	.981	.979
9	.999	.998	.998	.997	.997	.996	.995	.994	.993	.992
10	1.000	1.000	.999	.999	.999	.999	.998	.998	.998	.997
11	1.000	1.000	1.000	1.000	1.000	1.000	1.000	.999	.999	.999
12	1.000	1.000	1.000	1.000	1.000	1.000	1.000	1.000	1.000	1.000
13	1.000	1.000	1.000	1.000	1.000	1.000	1.000	1.000	1.000	1.000
14	1.000	1.000	1.000	1.000	1.000	1.000	1.000	1.000	1.000	1.000

c	4.50	5.00	5.50	6.00	6.50	7.00	7.50	8.00	8.50	9.00
	m									
0	.011	.007	.004	.002	.002	.001	.001	.000	.000	.000
1	.061	.040	.027	.017	.011	.007	.005	.003	.002	.001
2	.174	.125	.088	.062	.043	.030	.020	.014	.009	.006
3	.342	.265	.202	.151	.112	.082	.059	.042	.030	.021
4	.532	.440	.358	.285	.224	.173	.132	.100	.074	.055
5	.703	.616	.529	.446	.369	.301	.241	.191	.150	.116
6	.831	.762	.686	.606	.527	.450	.378	.313	.256	.207
7	.913	.867	.809	.744	.676	.599	.525	.453	.386	.324
8	.960	.932	.894	.847	.792	.729	.662	.593	.523	.456
9	.983	.968	.946	.916	.977	.830	.776	.717	.653	.587
10	.993	.986	.975	.957	.933	.901	862	.816	.763	.706
11	.998	.995	.989	.980	.966	.947	921	.888	.849	.803
12	.999	.998	.996	.991	.984	.973	957	.936	.909	.876
13	1.000	.999	.998	.996	.993	.987	.978	.966	.949	.926
14	1.000	1.000	.999	.999	.997	.994	.990	.983	.973	.956
15	1.000	1.000	1.000	.999	.999	.998	.995	.992	.986	.978
16	1.000	1.000	1.000	1.000	1.000	.999	.998	.996	.993	.989
17	1.000	1.000	1.000	1.000	1.000	1.000	.999	.998	.997	.995
18	1.000	1.000	1.000	1.000	1.000	1.000	1.000	.999	.999	.998
19	1.000	1.000	1.000	1.000	1.000	1.000	1.000	1.000	.999	.999
20	1.000	1.000	1.000	1.000	1.000	1.000	1.000	1.000	1.000	1.000
21	1.000	1.000	1.000	1.000	1.000	1.000	1.000	1.000	1.000	1.000
22	1.000	1.000	1.000	1.000	1.000	1.000	1.000	1.000	1.000	1.000

[표 3] 표준정규분포표 : $P(Z \leq z) = \int_{-\infty}^{z} \frac{1}{\sqrt{2\pi}} e^{-\frac{t^2}{2}} dt$

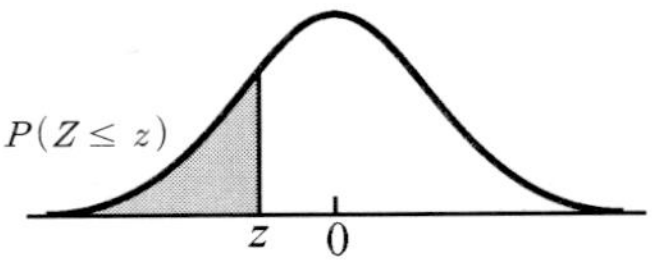

z	.00	.01	.02	.03	.04	.05	.06	.07	.08	.09
0.0	.5000	.5040	.5080	.5120	.5160	.5199	.5239	.5279	.5319	.5359
0.1	.5398	.5438	.5478	.5517	.5557	.5596	.5636	.5675	.5714	.5753
0.2	.5793	.5832	.5871	.5910	.5948	.5987	.6026	.6064	.6103	.6141
0.3	.6179	.6217	.6255	.6293	.6331	.6368	.6406	.6443	.6480	.6517
0.4	.6554	.6591	.6628	.6664	.6700	.6736	.6772	.6808	.6844	.6879
0.5	.6915	.6950	.6985	.7019	.7054	.7088	.7123	.7157	.7190	.7224
0.6	.7257	.7291	.7224	.7357	.7389	.7422	.7454	.7486	.7517	.7549
0.7	.7580	.7611	.7642	.7673	.7704	.7734	.7764	.7794	.7823	.7852
0.8	.7881	.7910	.7939	.7967	.7995	.8023	.8051	.8078	.8106	.8133
0.9	.8159	.8186	.8212	.8238	.8264	.8289	.8315	.8340	.8365	.8389
1.0	.8413	.8438	.8461	.8485	.8508	.8531	.8554	.8577	.8599	.8621
1.1	.8643	.8665	.8686	.8708	.8279	.8749	.8770	.8790	.8810	.8830
1.2	.8849	.8869	.8888	.8907	.8925	.8944	.8962	.8980	.8997	.9015
1.3	.9032	.9049	.9066	.9082	.9099	.9115	.9131	.9147	.9162	.9177
1.4	.9192	.9207	.9222	.9236	.9251	.9265	.9279	.9292	.9306	.9319
1.5	.9332	.9345	.9357	.9370	.9382	.9394	.9406	.9418	.9429	.9441
1.6	.9452	.9463	.9474	.9484	.9495	.9505	.9515	.9525	.9536	.9545
1.7	.9554	.9564	.9573	.9582	.9591	.9599	.9608	.9616	.9625	.9633
1.8	.9641	.9649	.9656	.9664	.9671	.9678	.9686	.9693	.9699	.9706
1.9	.9713	.9719	.9726	.9732	.9738	.9744	.9750	.9756	.9761	.9767
2.0	.9772	.9778	.9783	.9788	.9793	.9798	.9803	.9808	.9812	.9817
2.1	.9821	.9826	.9830	.9834	.9838	.9842	.9846	.9850	.9854	.9857
2.2	.9861	.9864	.9868	.9871	.9875	.9878	.9881	.9884	.9887	.9890
2.3	.9893	.9896	.9898	.9901	.9904	.9906	.9909	.9911	.9913	.9916
2.4	.9918	.9920	.9922	.9925	.9927	.9929	.9931	.9932	.9934	.9936
2.5	.9938	.9940	.9941	.9943	.9945	.9946	.9948	.9949	.9951	.9952
2.6	.9953	.9955	.9956	.9957	.9959	.9960	.9961	.9962	.9963	.9964
2.7	.9965	.9966	.9967	.9968	.9969	.9970	.9971	.9972	.9973	.9974
2.8	.9974	.9975	.9976	.9977	.9977	.9978	.9979	.9979	.9980	.4981
2.9	.9981	.9982	.9982	.9983	.9984	.9984	.9985	.9985	.9986	.9986
3.0	.9987	.9987	.9987	.9988	.9988	.9989	.9989	.9989	.9990	.9990
3.1	.9990	.9991	.9991	.9991	.9992	.9992	.9992	.9992	.9993	.9993
3.2	.9993	.9993	.9994	.9994	.9994	.9994	.9994	.9994	.9995	.9995
3.3	.9995	.9995	.9995	.9996	.9996	.9996	.9996	.9996	.9996	.9997
3.4	.9997	.9997	.9997	.9997	.9997	.9997	.9997	.9997	.9997	.9998
3.5	.9998	.9998	.9998	.9998	.9998	.9998	.9998	.9998	.9998	.9998

[표 4] t-분포표 : $P(t \geq t_{\alpha}) = \alpha$

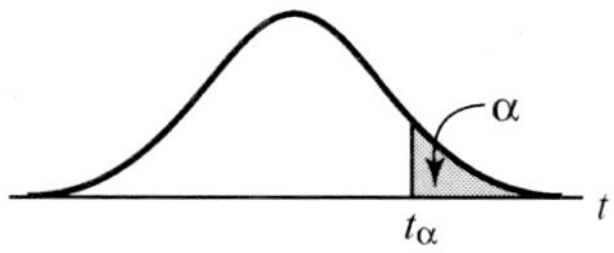

자유도 \ α	.100	.050	.025	.010	.005
1	3.078	6.314	12.706	31.821	63.657
2	1.886	2.920	4.303	6.965	9.925
3	1.638	2.353	3.182	4.541	5.841
4	1.533	2.132	2.776	3.747	4.604
5	1.476	2.015	2.571	3.365	4.032
6	1.440	1.943	2.447	3.143	3.707
7	1.415	1.895	2.365	2.998	3.499
8	1.397	1.860	2.306	2.896	3.355
9	1.383	1.833	2.262	2.821	3.250
10	1.372	1.912	2.228	2.764	3.169
11	1.363	1.796	2.201	2.718	3.106
12	1.356	1.782	2.179	2.681	3.055
13	1.350	1.771	2.160	2.650	3.012
14	1.345	1.761	2.145	2.624	2.977
15	1.341	1.753	2.131	2.602	2.947
16	1.337	1.746	2.120	2.583	2.921
17	1.333	1.740	2.110	2.567	2.898
18	1.330	1.734	2.101	2.552	2.878
19	1.328	1.729	2.093	2.539	2.861
20	1.325	1.725	2.086	2.528	2.845
21	1.323	1.721	2.080	2.518	2.831
22	1.321	1.717	2.074	2.508	2.819
23	1.319	1.714	2.069	2.500	2.807
24	1.318	1.711	2.064	2.492	2.797
25	1.316	1.708	2.060	2.485	2.787
26	1.315	1.706	2.056	2.479	2.779
27	1.314	1.703	2.052	2.473	2.771
28	1.313	1.701	2.048	2.467	2.763
29	1.311	1.699	2.045	2.462	2.756
inf.	1.282	1.645	1.960	2.326	2.576

[표 5] χ^2-**분포표** : $P(X \geq \chi^2_\alpha) = \alpha$

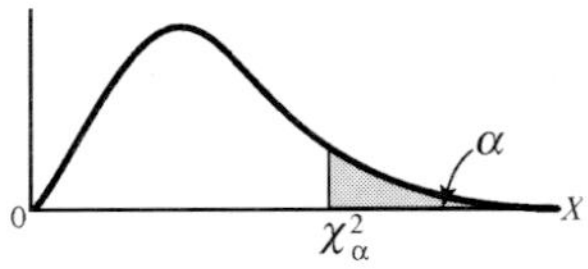

자유도 \ α	.955	.990	.975	.950	.900
1	0.0000393	0.0001571	0.0009821	0.0039321	0.01557908
2	0.0100251	0.0201007	0.0506356	0.102587	0.210720
3	0.0717212	0.114832	0.215795	0.351846	0.584375
4	0.206990	0.297110	0.484419	0.710721	1.063623
5	0.411740	0.554300	0.831211	1.145476	1.61031
6	0.675727	0.872085	1.237347	1.63539	2.20413
7	0.989265	1.239043	1.68987	2.16735	2.83311
8	1.344419	1.646482	2.17973	2.73264	3.48954
9	1.734926	2.087912	2.70039	3.32511	4.16816
10	2.15585	2.55821	3.24697	3.94030	4.86518
11	2.60321	3.05347	3.81575	4.57481	5.57779
12	3.07382	3.57056	4.40379	5.22603	6.30380
13	3.56503	4.10691	5.00874	5.89186	7.04150
14	4.07468	4.66043	5.62872	6.57063	7.78953
15	4.60094	5.22935	6.26214	7.26094	8.54675
16	5.14224	5.81221	6.90766	7.96164	9.31223
17	5.69724	6.40776	7.56418	8.67176	10.0852
18	6.26481	7.01491	8.23075	9.39046	10.8649
19	6.84398	7.63273	8.90655	10.1170	11.6509
20	7.43386	8.26040	9.59083	10.8508	12.4426
21	8.03366	8.89720	10.28293	11.5913	13.2396
22	8.64272	9.54249	10.9823	12.3380	14.0415
23	9.26042	10.19567	11.9885	13.0905	14.8479
24	9.99623	10.8564	12.4011	13.8484	15.6587
25	10.5197	11.5240	13.1197	14.6114	16.4734
26	11.1603	12.1981	13.8439	15.3971	17.2919
27	11.8076	12.8786	14.5733	16.1513	18.1139
28	12.4613	13.5648	15.3079	16.9279	18.9392
29	13.1211	14.2565	16.0471	17.7083	19.7677
30	13.7867	14.9535	16.7908	18.4926	20.5992
40	20.7065	22.1643	24.4331	26.5093	29.0505
50	27.9907	29.7067	32.3574	34.7642	37.6886
60	35.5346	37.4848	40.4817	43.1879	46.4589
70	43.2752	45.4418	48.7576	51.7393	55.3290
80	51.1720	53.5400	57.1532	60.3915	64.2278
90	59.1963	61.7541	65.6466	69.1260	73.2912
100	67.3276	70.0648	74.2219	77.9295	82.3581

자유도 \ α	.100	.050	.025	.010	.005
1	2.70554	3.84146	5.02389	6.63490	7.87944
2	4.60517	5.99147	7.37776	9.21034	10.5966
3	6.25139	7.81473	9.34840	11.3449	12.8381
4	7.77944	9.48773	11.1433	13.2767	14.8602
5	9.23635	11.0705	12.8325	15.0863	16.7496
6	10.6446	12.5916	14.4494	16.9119	18.5476
7	12.0170	14.0671	16.0128	18.4753	20.2777
8	13.3616	15.5073	17.5346	20.0902	21.9550
9	14.6837	16.9190	19.0228	21.6660	23.5893
10	15.9871	18.3070	20.4831	23.2093	25.1882
11	17.2750	19.6751	21.9200	24.7250	26.7569
12	18.5494	21.0261	23.3367	26.2170	28.2995
13	19.8119	22.3621	24.7356	27.6883	29.8194
14	21.0642	23.6848	26.1190	29.1413	31.3193
15	22.3072	24.9958	27.4884	30.5779	32.8013
16	23.5418	26.2962	28.8454	31.9999	34.2672
17	24.7690	27.5871	30.1910	33.4087	35.7185
18	25.9894	28.8693	31.5264	34.8053	37.1564
19	27.2036	30.1435	32.8523	36.1908	38.5822
20	28.4120	31.4104	34.1696	37.5662	39.9968
21	29.6151	32.6705	35.4789	38.9321	41.4010
22	30.9133	33.9244	36.7807	40.2894	42.7956
23	32.0069	35.1725	38.0757	41.2894	44.1813
24	33.1963	36.4151	39.3641	42.9798	45.5585
25	34.3816	37.6225	40.6465	44.3141	46.9278
26	35.5631	38.8852	41.9223	45.6417	48.2998
27	36.7412	40.1133	43.1944	46.9630	49.6449
28	37.9159	41.3372	44.4607	48.2782	50.9933
29	39.0875	42.5569	45.7222	49.5879	52.3356
30	40.2560	43.7729	46.9792	50.8922	53.6720
40	51.8050	55.7585	59.3417	63.6907	66.7659
50	63.1671	67.5048	71.4202	76.1539	79.4900
60	74.3970	79.0819	83.2976	88.3794	91.9517
70	85.5271	90.5312	95.0231	100.425	104.215
80	96.5782	101.879	106.629	112.329	116.321
90	107.565	113.145	118.136	124.116	128.299
100	118.498	124.342	129.561	135.807	140.169

[표 6] ***F*-분포표** : $\alpha=0.10$

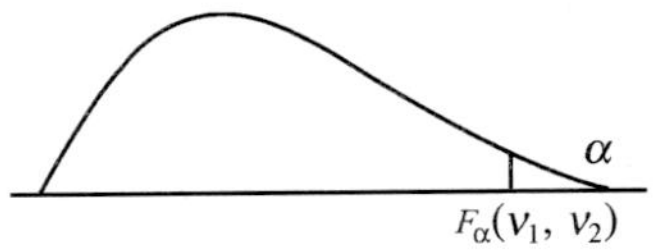

ν_2 \ ν_1	1	2	3	4	5	6	7	8	9	10
1	39.86	49.50	53.59	55.83	57.24	58.20	58.91	59.44	59.86	60.19
2	8.53	9.00	9.16	9.24	9.29	9.33	9.35	9.37	9.38	9.39
3	5.54	5.46	5.39	5.34	5.31	5.28	5.27	5.25	5.24	5.23
4	4.54	4.32	4.19	4.11	4.05	4.01	3.98	3.95	3.94	3.92
5	4.06	3.78	3.62	3.52	3.45	3.40	3.37	3.34	3.32	3.30
6	3.78	3.46	3.29	3.18	3.11	3.05	3.01	2.98	2.96	2.94
7	3.59	3.26	3.07	2.96	2.88	2.83	2.78	2.75	2.72	2.70
8	3.46	3.11	2.92	2.81	2.73	2.67	2.62	2.59	2.56	2.54
9	3.36	3.01	2.81	2.69	2.61	2.55	2.51	2.47	2.44	2.42
10	3.29	2.92	2.73	2.61	2.52	2.46	2.41	2.38	2.35	2.32
11	3.23	2.86	2.66	2.54	2.45	2.39	2.34	2.30	2.27	2.25
12	3.18	2.81	2.61	2.48	2.39	2.33	2.28	2.24	2.21	2.19
13	3.14	2.76	2.56	2.43	2.35	2.28	2.23	2.20	2.16	2.14
14	3.10	2.73	2.52	2.39	2.31	2.24	2.19	2.15	2.12	2.10
15	3.07	2.70	2.49	2.36	2.27	2.21	2.16	2.12	2.09	2.06
16	3.05	2.67	2.46	2.33	2.24	2.18	2.13	2.09	2.06	2.03
17	3.03	2.64	2.44	2.31	2.22	2.15	2.10	2.06	2.03	2.00
18	3.01	2.62	2.42	2.29	2.20	2.13	2.08	2.04	2.00	1.98
19	2.99	2.61	2.40	2.27	2.18	2.11	2.06	2.02	1.98	1.96
20	2.97	2.59	2.38	2.25	2.16	2.09	2.04	2.00	1.96	1.94
21	2.96	2.57	2.36	2.23	2.14	2.08	2.02	1.98	1.95	1.92
22	2.95	2.56	2.35	2.22	2.13	2.06	2.01	1.97	1.93	1.90
23	2.94	2.55	2.34	2.21	2.11	2.05	1.99	1.95	1.92	1.89
24	2.93	2.54	2.33	2.19	2.10	2.04	1.98	1.94	1.91	1.88
25	2.92	2.53	2.32	2.18	2.09	2.02	1.97	1.93	1.89	1.87
26	2.91	2.52	2.31	2.17	2.08	2.01	1.96	1.92	1.88	1.86
27	2.90	2.51	2.30	2.17	2.07	2.00	1.95	1.91	1.87	1.85
28	2.89	2.50	2.29	2.16	2.06	2.00	1.94	1.90	1.87	1.84
29	2.89	2.50	2.28	2.15	2.06	1.99	1.93	1.89	1.86	1.83
30	2.88	2.49	2.28	2.14	2.05	1.98	1.93	1.88	1.85	1.82
40	2.84	2.44	2.23	2.09	2.00	1.93	1.87	1.83	1.79	1.76
60	2.79	2.39	2.18	2.04	1.95	1.87	1.82	1.77	1.74	1.71
120	2.75	2.35	2.13	1.99	1.90	1.82	1.77	1.72	1.68	1.65
∞	2.71	2.30	2.08	1.94	1.85	1.77	1.72	1.67	1.63	1.60

〈계속〉

12	15	20	24	30	40	60	120	∞
60.71	61.22	61.74	62.00	62.26	62.53	62.79	63.06	63.33
9.41	9.42	9.44	9.45	9.46	9.47	9.47	9.48	9.49
5.22	5.20	5.18	5.18	5.17	5.16	5.15	5.14	5.13
3.90	3.87	3.84	3.83	3.82	3.80	3.79	3.78	3.76
3.27	3.24	3.21	3.19	3.17	3.16	3.14	3.12	3.11
2.90	2.87	2.84	2.82	2.80	2.78	2.76	2.74	2.72
2.67	2.63	2.59	2.58	2.56	2.54	2.51	2.49	2.47
2.50	2.46	2.42	2.40	2.38	2.36	2.34	2.32	2.29
2.38	2.34	2.30	2.28	2.25	2.23	2.21	2.18	2.16
2.28	2.24	2.20	2.18	2.16	2.13	2.11	2.08	2.06
2.21	2.17	2.12	2.10	2.08	2.05	2.03	2.00	1.97
2.15	2.10	2.06	2.04	2.01	1.99	1.96	1.93	1.90
2.10	2.05	2.01	1.98	1.96	1.93	1.90	1.88	1.85
2.05	2.01	1.96	1.94	1.91	1.89	1.86	1.83	1.80
2.02	1.97	1.92	1.90	1.87	1.85	1.82	1.79	1.76
1.99	1.94	1.89	1.87	1.84	1.81	1.78	1.75	1.72
1.96	1.91	1.86	1.84	1.81	1.78	1.75	1.72	1.69
1.93	1.89	1.84	1.81	1.78	1.75	1.72	1.69	1.66
1.91	1.86	1.81	1.79	1.76	1.73	1.70	1.67	1.63
1.89	1.84	1.79	1.77	1.74	1.71	1.68	1.64	1.61
1.87	1.83	1.78	1.75	1.72	1.69	1.66	1.62	1.59
1.86	1.81	1.76	1.73	1.70	1.67	1.64	1.60	1.57
1.84	1.80	1.74	1.72	1.69	1.66	1.62	1.59	1.55
1.83	1.78	1.73	1.70	1.67	1.64	1.61	1.57	1.53
1.82	1.77	1.72	1.69	1.66	1.63	1.59	1.56	1.52
1.81	1.76	1.71	1.68	1.65	1.61	1.58	1.54	1.50
1.80	1.75	1.70	1.67	1.64	1.60	1.57	1.53	1.49
1.79	1.74	1.69	1.66	1.63	1.59	1.56	1.52	1.48
1.78	1.73	1.68	1.65	1.62	1.58	1.55	1.51	1.47
1.77	1.72	1.67	1.64	1.61	1.57	1.54	1.50	1.46
1.71	1.66	1.61	1.57	1.54	1.51	1.47	1.42	1.38
1.66	1.60	1.54	1.51	1.48	1.44	1.40	1.35	1.29
1.60	1.55	1.48	1.45	1.41	1.37	1.32	1.26	1.19
1.55	1.49	1.42	1.38	1.34	1.30	1.24	1.17	1.00

$\alpha = 0.05$ 〈계속〉

ν_2 \ ν_1	1	2	3	4	5	6	7	8	9	10
1	161.4	199.5	215.7	224.6	230.2	234.0	236.8	238.9	240.5	241.9
2	18.51	19.00	19.16	19.25	19.30	19.33	19.35	19.37	19.38	19.40
3	10.13	9.55	9.28	9.12	9.01	8.94	8.89	8.85	8.81	8.79
4	7.71	6.94	6.59	6.39	6.26	6.16	6.09	6.04	6.00	5.96
5	6.61	5.79	5.41	5.19	5.05	4.95	4.88	4.82	4.77	4.74
6	5.99	5.14	4.76	4.53	4.39	4.28	4.21	4.15	4.10	4.06
7	5.59	4.74	4.35	4.12	3.97	3.87	3.79	3.73	3.68	3.64
8	5.32	4.46	4.07	3.84	3.69	3.58	3.50	3.44	3.39	3.35
9	5.12	4.26	3.86	3.63	3.48	3.37	3.29	3.23	3.18	3.14
10	4.96	4.10	3.71	3.48	3.33	3.22	3.14	3.07	3.02	2.98
11	4.84	3.98	3.59	3.36	3.20	3.09	3.01	2.95	2.90	2.85
12	4.75	3.89	3.49	3.26	3.11	3.00	2.91	2.85	2.80	2.75
13	4.67	3.81	3.41	3.18	3.03	2.92	2.83	2.77	2.71	2.67
14	4.60	3.74	3.34	3.11	2.96	2.85	2.76	2.70	2.65	2.60
15	4.54	3.68	3.29	3.06	2.90	2.79	2.71	2.64	2.59	2.54
16	4.49	3.63	3.24	3.01	2.85	2.74	2.66	2.59	2.54	2.49
17	4.45	3.59	3.20	2.96	2.81	2.70	2.61	2.55	2.49	2.45
18	4.41	3.55	3.16	2.93	2.77	2.66	2.58	2.51	2.46	2.41
19	4.38	3.52	3.13	2.90	2.74	2.63	2.54	2.48	2.42	2.38
20	4.35	3.49	3.10	2.87	2.71	2.60	2.51	2.45	2.39	2.35
21	4.32	3.47	3.07	2.84	2.68	2.57	2.49	2.42	2.37	2.32
22	4.30	3.44	3.05	2.82	2.66	2.55	2.46	2.40	2.34	2.30
23	4.28	3.42	3.03	2.80	2.64	2.53	2.44	2.37	2.32	2.27
24	4.26	3.40	3.01	2.78	2.62	2.51	2.42	2.36	2.30	2.25
25	4.24	3.39	2.99	2.76	2.60	2.49	2.40	2.34	2.28	2.24
26	4.23	3.37	2.98	2.74	2.59	2.47	2.39	2.32	2.27	2.22
27	4.21	3.35	2.96	2.73	2.57	2.46	2.37	2.31	2.25	2.20
28	4.20	3.34	2.95	2.71	2.56	2.45	2.36	2.29	2.24	2.19
29	4.18	3.33	2.93	2.70	2.55	2.43	2.35	2.28	2.22	2.18
30	4.17	3.32	2.92	2.69	2.53	2.42	2.33	2.27	2.21	2.16
40	4.08	3.23	2.84	2.61	2.45	2.34	2.25	2.18	2.12	2.08
60	4.00	3.15	2.76	2.53	2.37	2.25	2.17	2.10	2.04	1.99
120	3.92	3.07	2.68	2.45	2.29	2.18	2.09	2.02	1.96	1.91
∞	3.84	3.00	2.60	2.37	2.21	2.10	2.01	1.94	1.88	1.83

〈계속〉

12	15	20	24	30	40	60	120	∞
243.9	245.9	248.0	249.1	250.1	251.1	252.2	253.3	254.3
19.41	19.43	19.45	19.45	19.46	19.47	19.48	19.49	19.50
8.74	8.70	8.66	8.64	8.62	8.59	8.57	8.55	8.53
5.91	5.86	5.80	5.77	5.75	5.72	5.69	5.66	5.63
4.68	4.62	4.56	4.53	4.50	4.46	4.43	4.40	4.37
4.00	3.94	3.87	3.84	3.81	3.77	3.74	3.70	3.67
3.57	3.51	3.44	3.41	3.38	3.34	3.30	3.27	3.23
3.28	3.22	3.15	3.12	3.08	3.04	3.01	2.97	2.93
3.07	3.01	2.94	2.90	2.86	2.83	2.79	2.75	2.71
2.91	2.85	2.77	2.74	2.70	2.66	2.62	2.58	2.54
2.79	2.72	2.65	2.61	2.57	2.53	2.49	2.45	2.41
2.69	2.62	2.54	2.51	2.47	2.43	2.38	2.34	2.30
2.60	2.53	2.46	2.42	2.38	2.34	2.30	2.25	2.21
2.53	2.46	2.39	2.35	2.31	2.27	2.22	2.18	2.13
2.48	2.40	2.33	2.29	2.25	2.20	2.16	2.11	2.07
2.42	2.35	2.28	2.24	2.19	2.15	2.11	2.06	2.01
2.38	2.31	2.23	2.19	2.15	2.10	2.06	2.01	1.96
2.34	2.27	2.19	2.15	2.11	2.06	2.02	1.97	1.92
2.31	2.23	2.16	2.11	2.07	2.03	1.98	1.93	1.88
2.28	2.20	2.12	2.08	2.04	1.99	1.95	1.90	1.84
2.25	2.18	2.10	2.05	2.01	1.96	1.92	1.87	1.81
2.23	2.15	2.07	2.03	1.98	1.94	1.89	1.84	1.78
2.20	2.13	2.05	2.01	1.96	1.91	1.86	1.81	1.76
2.18	2.11	2.03	1.98	1.94	1.89	1.84	1.79	1.73
2.16	2.09	2.01	1.96	1.92	1.87	1.82	1.77	1.71
2.15	2.07	1.99	1.95	1.90	1.85	1.80	1.75	1.69
2.13	2.06	1.97	1.93	1.88	1.84	1.79	1.73	1.67
2.12	2.04	1.96	1.91	1.87	1.82	1.77	1.71	1.65
2.10	2.03	1.94	1.90	1.85	1.81	1.75	1.70	1.64
2.09	2.01	1.93	1.89	1.84	1.79	1.74	1.68	1.62
2.00	1.92	1.84	1.79	1.74	1.69	1.64	1.58	1.51
1.92	1.84	1.75	1.70	1.65	1.59	1.53	1.47	1.39
1.83	1.75	1.66	1.61	1.55	1.50	1.43	1.35	1.26
1.75	1.67	1.57	1.52	1.46	1.39	1.32	1.22	1.00

$\alpha = 0.025$ 〈계속〉

ν_2 \ ν_1	1	2	3	4	5	6	7	8	9	10
1	647.8	799.5	864.2	899.6	921.8	937.1	948.2	956.7	963.3	968.6
2	38.51	39.00	39.17	39.25	39.30	39.33	39.36	39.37	39.39	39.40
3	17.44	16.04	15.44	15.10	14.88	14.73	14.62	14.54	14.47	14.42
4	12.22	10.65	9.98	9.60	9.36	9.20	9.07	8.98	8.90	8.84
5	10.01	8.43	7.76	7.39	7.15	6.98	6.85	6.76	6.68	6.62
6	8.81	7.26	6.60	6.23	5.99	5.82	5.70	5.60	5.52	5.46
7	8.07	6.54	5.89	5.52	5.29	5.12	4.99	4.90	4.82	4.76
8	7.57	6.06	5.42	5.05	4.82	4.65	4.53	4.43	4.36	4.30
9	7.21	5.71	5.08	4.72	4.48	4.32	4.20	4.10	4.03	3.96
10	6.94	5.46	4.83	4.47	4.24	4.07	3.95	3.85	3.78	3.72
11	6.72	5.26	4.63	4.28	4.04	3.88	3.76	3.66	3.59	3.53
12	6.55	5.10	4.47	4.12	3.89	3.73	3.61	3.51	3.44	3.37
13	6.41	4.97	4.35	4.00	3.77	3.60	3.48	3.39	3.31	3.25
14	6.30	4.86	4.24	3.89	3.66	3.50	3.38	3.29	3.21	3.15
15	6.20	4.77	4.15	3.80	3.58	3.41	3.29	3.20	3.12	3.06
16	6.12	4.69	4.08	3.73	3.50	3.34	3.22	3.12	3.05	2.99
17	6.04	4.62	4.01	3.66	3.44	3.28	3.16	3.06	2.98	2.92
18	5.98	4.56	3.95	3.61	3.38	3.22	3.10	3.01	2.93	2.87
19	5.92	4.51	3.90	3.56	3.33	3.17	3.05	2.96	2.88	2.82
20	5.87	4.46	3.86	3.51	3.29	3.13	3.01	2.91	2.84	2.77
21	5.83	4.42	3.82	3.48	3.25	3.09	2.97	2.87	2.80	2.73
22	5.79	4.38	3.78	3.44	3.22	3.05	2.93	2.84	2.76	2.70
23	5.75	4.35	3.75	3.41	3.18	3.02	2.90	2.81	2.73	2.67
24	5.72	4.32	3.72	3.38	3.15	2.99	2.87	2.78	2.70	2.64
25	5.69	4.29	3.69	3.35	3.13	2.97	2.85	2.75	2.68	2.61
26	5.66	4.27	3.67	3.33	3.10	2.94	2.82	2.73	2.65	2.59
27	5.63	4.24	3.65	3.31	3.08	2.92	2.80	2.71	2.63	2.57
28	5.61	4.22	3.63	3.29	3.06	2.90	2.78	2.69	2.61	2.55
29	5.59	4.20	3.61	3.27	3.04	2.88	2.76	2.67	2.59	2.53
30	5.57	4.18	3.59	3.25	3.03	2.87	2.75	2.65	2.57	2.51
40	5.42	4.05	3.46	3.13	2.90	2.74	2.62	2.53	2.45	2.39
60	5.29	3.93	3.34	3.01	2.79	2.63	2.51	2.41	2.33	2.27
120	5.15	3.80	3.23	2.89	2.67	2.52	2.39	2.30	2.22	2.16
∞	5.02	3.69	3.12	2.79	2.57	2.41	2.29	2.19	2.11	2.05

〈계속〉

12	15	20	24	30	40	60	120	∞
976.7	984.9	993.1	997.2	1001	1006	1010	1014	1018
39.41	39.43	39.45	39.46	39.46	39.47	39.48	39.49	39.50
14.34	14.25	14.17	14.12	14.08	14.04	13.99	13.95	13.90
8.75	8.66	8.56	8.51	8.46	8.41	8.36	8.31	8.26
6.52	6.43	6.33	6.28	6.23	6.18	6.12	6.07	6.02
5.37	5.27	5.17	5.12	5.07	5.01	4.96	4.90	4.85
4.67	4.57	4.47	4.41	4.36	4.31	4.25	4.20	4.14
4.20	4.10	4.00	3.95	3.89	3.84	3.78	3.73	3.67
3.87	3.77	3.67	3.61	3.56	3.51	3.45	3.39	3.33
3.62	3.52	3.42	3.37	3.31	3.26	3.20	3.14	3.08
3.43	3.33	3.23	3.17	3.12	3.06	3.00	2.94	2.88
3.28	3.18	3.07	3.02	2.96	2.91	2.85	2.79	2.73
3.15	3.05	2.95	2.89	2.84	2.78	2.72	2.66	2.60
3.05	2.95	2.84	2.79	2.73	2.67	2.61	2.55	2.49
2.96	2.86	2.76	2.70	2.64	2.59	2.52	2.46	2.40
2.89	2.79	2.68	2.63	2.57	2.51	2.45	2.38	2.32
2.82	2.72	2.62	2.56	2.50	2.44	2.38	2.32	2.25
2.77	2.67	2.56	2.50	2.44	2.38	2.32	2.26	2.19
2.72	2.62	2.51	2.45	2.39	2.33	2.27	2.20	2.13
2.68	2.57	2.46	2.41	2.35	2.29	2.22	2.16	2.09
2.64	2.53	2.42	2.37	2.31	2.25	2.18	2.11	2.04
2.60	2.50	2.39	2.33	2.27	2.21	2.14	2.08	2.00
2.57	2.47	2.36	2.30	2.24	2.18	2.11	2.04	1.97
2.54	2.44	2.33	2.27	2.21	2.15	2.08	2.01	1.94
2.51	2.41	2.30	2.24	2.18	2.12	2.05	1.98	1.91
2.49	2.39	2.28	2.22	2.16	2.09	2.03	1.95	1.88
2.47	2.36	2.25	2.19	2.13	2.07	2.00	1.93	1.85
2.45	2.34	2.23	2.17	2.11	2.05	1.98	1.91	1.83
2.43	2.32	2.21	2.15	2.09	2.03	1.96	1.89	1.81
2.41	2.31	2.20	2.14	2.07	2.01	1.94	1.87	1.79
2.29	2.18	2.07	2.01	1.94	1.88	1.80	1.72	1.64
2.17	2.06	1.94	1.88	1.82	1.74	1.67	1.58	1.48
2.05	1.94	1.82	1.76	1.69	1.61	1.53	1.43	1.31
1.94	1.83	1.71	1.64	1.57	1.48	1.39	1.27	1.00

$\alpha = 0.01$ 〈계속〉

ν_2 \ ν_1	1	2	3	4	5	6	7	8	9	10
1	4052	4999.5	5403	5625	5764	5859	5928	5981	9022	6056
2	98.50	99.00	99.17	99.25	99.30	99.33	99.36	99.37	99.39	99.40
3	34.12	30.82	29.46	28.71	28.24	27.91	27.67	27.49	27.35	27.23
4	21.20	18.00	16.69	15.98	15.52	15.21	14.98	14.80	14.66	14.55
5	16.26	13.27	12.06	11.39	10.97	10.67	10.46	10.29	10.16	10.05
6	13.75	10.92	9.78	9.15	8.75	8.47	8.26	8.10	7.98	7.87
7	12.25	9.55	8.45	7.85	7.46	7.19	6.99	6.84	6.72	6.62
8	11.26	8.65	7.59	7.01	6.63	6.37	6.18	6.03	5.91	5.81
9	10.56	8.02	6.99	6.42	6.06	5.80	5.61	5.47	5.35	5.26
10	10.04	7.56	6.55	5.99	5.64	5.39	5.20	5.06	4.94	4.85
11	9.65	7.21	6.22	5.67	5.32	5.07	4.89	4.74	4.63	4.54
12	9.33	6.93	5.95	5.41	5.06	4.82	4.64	4.50	4.39	4.30
13	9.07	6.70	5.74	5.21	4.86	4.62	4.41	4.30	4.19	4.10
14	8.86	6.51	5.56	5.04	4.69	4.46	4.28	4.14	4.03	3.94
15	8.68	6.36	5.42	4.89	4.56	4.32	4.14	4.00	3.89	3.80
16	8.53	6.23	5.29	4.77	4.44	4.20	3.03	3.89	3.78	3.69
17	8.40	6.11	5.18	4.67	4.34	4.10	3.93	3.79	3.68	3.59
18	8.18	5.93	5.01	4.50	4.17	3.94	3.77	3.63	3.52	3.43
20	8.10	5.85	4.94	4.43	4.10	3.87	3.70	3.56	3.46	3.37
21	8.02	5.78	4.87	4.37	4.04	3.81	3.64	3.51	3.40	3.31
22	7.95	5.72	4.82	4.31	3.99	3.76	3.59	3.45	3.35	3.26
23	7.88	5.66	4.76	4.26	3.94	3.71	3.54	3.41	3.30	3.21
24	7.82	5.91	4.72	4.22	3.90	3.67	3.50	3.36	3.26	3.17
25	7.77	5.57	4.68	4.18	3.85	3.63	3.46	3.32	3.22	3.13
26	7.72	5.53	4.64	4.14	3.82	3.59	3.42	3.29	3.18	3.09
27	7.68	5.49	4.60	4.11	3.78	3.56	3.39	3.26	3.15	3.06
28	7.64	5.45	4.57	4.07	3.75	3.53	3.36	3.23	3.12	3.03
29	7.60	5.42	4.54	4.04	3.73	3.50	3.33	3.20	3.09	3.00
30	7.56	5.39	4.51	4.02	3.70	3.47	3.30	3.17	3.07	2.98
40	7.31	5.18	4.31	3.83	3.51	3.29	3.12	2.99	2.89	2.80
60	7.08	4.98	4.13	3.65	3.34	3.12	2.95	2.82	2.72	2.63
120	6.85	4.79	3.95	3.48	3.17	2.96	2.79	2.66	2.56	2.47
∞	6.63	4.61	3.78	3.32	3.02	2.80	2.64	2.51	2.41	2.32

〈계속〉

12	15	20	24	30	40	60	120	∞
6106	6157	6209	6235	6261	6287	6313	6339	6366
99.42	99.43	99.45	99.46	99.47	99.47	99.48	99.49	99.50
27.05	26.87	26.69	26.60	26.50	26.41	26.32	26.22	26.13
14.37	14.20	14.02	13.93	13.84	13.75	13.65	1356	13.46
9.89	9.72	9.55	9.47	9.38	9.29	9.20	9.11	9.02
7.72	7.56	7.40	7.31	7.23	7.14	7.06	6.97	6.88
6.47	6.31	6.16	6.07	5.99	5.91	5.82	5.74	5.65
5.67	5.52	5.36	5.28	5.20	5.12	5.03	4.95	4.86
5.11	4.96	4.81	4.73	4.65	4.57	4.48	4.40	4.31
4.71	4.56	4.41	4.33	4.25	4.17	4.08	4.00	3.91
4.40	4.25	4.10	4.02	3.94	3.86	3.78	3.69	3.60
4.16	4.01	3.86	3.78	3.70	3.62	3.54	3.45	3.36
3.96	3.82	3.66	3.59	3.51	3.43	3.34	3.25	3.17
3.80	3.66	3.51	3.43	3.35	3.27	3.18	3.09	3.00
3.67	3.52	3.37	3.29	3.21	3.13	2.05	2.96	2.87
3.55	3.41	3.26	3.18	3.10	3.02	2.93	2.84	2.75
3.46	3.31	3.16	3.08	3.00	2.92	2.83	2.75	2.65
3.30	3.15	3.00	2.92	2.84	2.76	2.67	2.58	2.49
3.23	3.09	2.94	2.86	2.78	2.69	2.61	2.52	2.42
3.17	3.03	2.88	2.80	2.72	2.64	2.55	2.46	2.36
3.12	2.98	2.83	2.75	2.67	2.58	2.50	2.40	2.31
3.07	2.93	2.78	2.70	2.62	2.54	2.45	2.35	2.26
3.03	2.89	2.74	2.66	2.58	2.49	2.40	2.31	2.21
2.99	2.85	2.70	2.62	2.54	2.45	2.36	2.27	2.17
2.96	2.81	2.66	2.58	2.50	2.42	2.33	2.23	2.13
2.93	2.78	2.63	2.55	2.47	2.38	2.29	2.20	2.10
2.90	2.75	2.60	2.52	2.44	2.35	2.26	2.17	2.06
2.87	2.73	2.57	2.49	2.41	2.33	2.23	2.14	2.03
2.80	2.70	2.55	2.47	2.39	2.30	2.21	2.11	2.01
2.66	2.52	2.37	2.29	2.20	2.11	2.02	1.92	1.80
2.50	2.35	2.20	2.12	2.03	1.94	1.84	1.73	1.60
2.34	2.19	2.03	1.95	1.86	1.76	1.66	1.53	1.38
2.18	2.04	1.88	1.79	1.70	1.59	1.47	1.32	1.00

[표 7] 난수표

00000	10097	32533	76520	13586	34673	54876	80959	09117	39292	74945
00001	37542	04805	64894	74296	24805	24037	50636	10402	00822	91665
00002	08422	68953	19645	09303	23209	02560	15953	34764	35080	33606
00003	99019	02529	09376	70715	38311	31165	88676	74397	04436	27659
00004	12807	99970	80157	36147	64032	36653	98951	16877	12171	76833
00005	66065	74717	34072	76850	36697	36170	65813	39885	11199	29170
00006	31060	10805	45571	82406	35303	42614	86799	07439	23403	09732
00007	85269	77602	02051	65692	68665	74818	73053	85247	18623	88579
00008	63573	32135	05325	47048	90553	57548	28468	28709	83491	25624
00009	73796	45753	03529	64778	35808	34282	60935	20344	35273	88435
00010	98520	17767	14905	68607	22109	40558	60970	93433	50500	73998
00011	11805	05431	39808	27732	50725	68248	29405	24201	52775	67851
00012	83452	99634	06288	98083	13746	70078	18475	40610	68711	77817
00013	88685	40200	86507	58401	36766	67951	90364	76493	29609	11062
00014	99594	67348	87517	64969	91826	08928	93785	61368	23478	34113
00015	65481	17674	17468	50950	58047	76974	73039	57186	40218	16544
00016	80124	35635	17727	08015	45318	22374	21115	78253	14385	53763
00017	74350	99817	77402	77214	43236	00210	45521	64237	96286	02655
00018	69916	26803	66252	29148	36936	87203	76621	13990	94400	56418
00019	09893	20505	14225	68514	46427	56788	96297	78822	54382	14598
00020	91499	14523	68479	27686	46162	83554	94750	89923	37089	20048
00021	80336	94598	26940	36858	70297	34135	53140	33340	42050	82341
00022	44104	81949	85157	47954	32979	26575	57600	40881	22222	06413
00023	12550	73742	11100	02040	12860	74697	96644	89439	28707	25815
00024	63606	49329	16505	34484	40219	52563	43651	77082	07207	31790
00025	611196	90446	26457	47774	51924	33729	65394	59593	42582	60527
00026	15474	45266	95270	79953	59367	83848	82396	10118	33211	59466
00027	94557	28573	67897	54387	54622	44431	91190	42592	92927	45973
00028	42481	16213	97344	08721	16868	48767	03071	12059	25701	46670
00029	23523	78317	73208	89837	68935	91416	26252	29663	05522	82562
00030	04493	52494	75246	33824	45862	51025	61962	79335	65337	12472
00031	00549	97654	64051	88159	96119	63896	54692	82391	23287	29529
00032	35963	15307	26898	09554	33351	35462	77974	50024	90103	39333
00033	59808	08391	45427	26842	83609	49700	13021	24892	78565	20106
00034	46058	85236	01390	92286	77281	44077	93910	83647	70617	42941
00035	32179	00597	87379	25241	05567	07007	96743	17157	85394	11838
00036	69234	61406	20117	45204	15956	60000	18743	92423	97118	96338
00037	19565	41430	01758	75379	40419	21585	66674	36806	84962	85207
00038	45155	14938	19476	07246	43667	94543	59047	90033	20826	69541
00039	94864	31994	36168	10851	34888	81553	01540	35456	05014	51176
00040	98086	24826	45240	28404	44999	08896	39094	73407	35441	31880
00041	33185	16232	41941	50949	89435	48581	88695	41994	37548	73043
00042	80951	00406	96382	70774	20151	23387	25016	25298	94624	61171
00043	79752	49140	71961	28296	69861	02591	74852	20539	00387	59579
00044	18633	32537	98145	06571	31010	24674	05455	61427	77938	91936
00045	74029	43902	77557	32270	97790	17119	52527	58021	80814	51748
00046	54178	45611	80993	37143	05335	12969	56127	19255	36040	90324
00047	11664	49883	52079	84827	59381	71539	09973	33440	88461	23356
00048	48324	77928	31249	64710	02295	36870	32307	57546	15020	09994
00049	69074	94138	87637	91976	35584	04401	10518	21615	01848	76938

00050	09188	20097	32825	39527	04220	86304	83389	87374	64278	58044
00051	90045	85497	51981	50654	94938	81997	91870	76150	68476	64659
00052	73189	50207	47677	26269	62290	64464	27124	67018	41361	82760
00053	75768	76490	20971	87749	90429	12272	95375	05871	93823	43178
00054	54016	44056	66281	31003	00682	27398	20714	53295	07706	17813
00055	08358	69910	78542	42785	13661	58873	04618	97553	31223	08420
00056	28306	03264	81333	10591	40510	07893	32604	60475	94119	01840
00057	53840	86233	81594	13628	51215	90290	28466	68795	77762	20791
00058	91757	53741	61613	62269	50263	90212	55781	76514	83483	47055
00059	89415	92694	00397	58391	12607	17646	48949	72306	94541	37408
00060	77513	03820	86864	29901	68414	82774	51908	13980	72893	55507
00061	19502	37174	69979	20288	55210	29773	74287	75251	65344	67415
00062	21818	59313	93278	81757	05686	73156	07082	85046	31853	38452
00063	51474	66499	68107	23621	94049	91345	42836	09191	08007	45449
00064	99559	68331	62535	24170	69777	12830	74819	78142	43860	72834
00065	33713	48007	93584	72869	51926	64721	58303	29822	93174	93972
00066	85274	86893	11303	22970	28834	34137	73515	90400	71148	43643
00067	84133	89640	44035	52166	73852	70091	61222	60561	62327	18423
00068	56732	16234	17395	96131	10123	91622	85496	57560	81604	18880
00069	65138	56806	87648	85261	34313	65861	45875	21069	85644	47277
00070	38001	02176	81719	11711	71602	92937	74219	64049	65584	49698
00071	37402	96397	01304	77586	56271	10086	47324	62605	40030	37438
00072	97125	40348	87083	31417	21815	39250	75237	62047	15501	29578
00073	21826	41134	47143	34072	64638	85902	49139	06441	03856	54552
00074	73135	42742	95719	09035	85794	74296	08789	88156	64691	19202
00075	07638	77929	03061	18072	96207	44156	23821	99538	04713	66994
00076	60528	83441	07954	19814	59175	20695	05533	52139	61212	06455
00077	83596	35655	06958	92983	05128	09719	77433	53783	92301	50498
00078	10850	62746	99599	10507	13499	06319	53075	71839	06410	19362
00079	39820	98952	43622	63147	64421	80814	43800	09351	31024	73167
00080	59580	06478	75569	78800	88835	54486	23768	06156	04111	08408
00081	38508	07341	23793	48763	90822	97022	17719	04207	95954	49953
00082	30692	70668	94688	16127	56196	80091	82067	63400	05462	69200
00083	65443	95659	18288	27437	49632	24041	08337	65676	96299	90836
00084	27267	50264	13192	72294	07477	44606	17985	48911	97341	30358
00085	91307	06991	19072	24210	36699	53728	28825	35793	28976	66252
00086	68434	94688	84473	13622	62126	98408	12843	82590	09815	93146
00087	48908	15877	54745	24591	35700	04754	83824	52692	54130	55160
00088	06913	45197	42672	78601	11883	06528	63011	98901	14974	40344
00089	10455	16019	14210	33712	91342	37821	88325	80851	43667	70883
00090	12883	97343	65027	61184	04285	01392	17974	18077	90712	26769
00091	21778	30976	38807	36961	31649	42096	63281	02023	08816	47449
00092	19523	59515	65122	59659	86283	68258	69572	13798	16435	91529
00093	67245	52670	35583	16563	79246	86686	76463	34222	26655	90802
00094	60584	47377	07500	37992	45134	26529	26760	83637	41326	44344
00095	53853	41377	36066	94850	28838	73859	49364	73331	96240	43642
00096	24637	38736	74384	89342	52623	07992	12369	18601	03742	83873
00097	83080	12451	38992	22815	07759	51777	97377	27585	51972	37867
00098	16444	24334	36151	99073	27493	72939	85130	32552	54846	54759
00099	60790	18157	57178	65762	11161	78576	45819	52979	65130	04860

찾아보기

확률과 통계

2014년 2월 15일 초판 인쇄
2014년 2월 20일 초판 발행

저 자 / 김경호
발행자 / 오판근
발행처 / 교우사

주 소 / 서울특별시 동대문구 약령시로 8 교우빌딩 2층
전 화 / 925-2861~2, 편집부 / 925-2825
팩 스 / 925-2860
E-mail / kyowoo@kyowoo.co.kr
http://www.kyowoo.co.kr

등록 / 1994. 3. 24 제6-0256호

ISBN 979-11-251-0011-9 (93310)

값 15,000원